U0300614

住房和城乡建设部"十四五"规划教材

中等职业教育技能实训教材

建筑 CAD 实训
（含赛题剖析）

中国建设教育协会　组织编写

张　雷　主　编

董祥国　主　审

中国建筑工业出版社

图书在版编目（CIP）数据

建筑 CAD 实训：含赛题剖析 / 张雷主编；中国建设教育协会组织编写. — 北京：中国建筑工业出版社，2022.9（2023.12重印）

住房和城乡建设部"十四五"规划教材　中等职业教育技能实训教材

ISBN 978-7-112-27408-6

Ⅰ. ①建… Ⅱ. ①张… ②中… Ⅲ. ①建筑设计-计算机辅助设计-AutoCAD软件-中等专业学校-教材　Ⅳ. ①TU201.4

中国版本图书馆 CIP 数据核字（2022）第 084579 号

本教材紧密结合中等职业教育土木建筑大类人才培养大纲要求，按照全国职业院校技能大赛建筑 CAD 赛项（中职组）规程的竞赛内容及相关知识组织编写。全书采用项目教学法，共 11 个项目，包括建筑 CAD 概述、创建样板文件、三面投影图的绘制、建筑平面图的绘制、建筑立面图的绘制、建筑剖面图的绘制、建筑构件图样的绘制、建筑装饰图的绘制、图形输出、建筑三维建模、从 CAD 到 BIM 等内容。

教材服务群

本教材可供高职中职院校作为建筑 CAD 技能赛项备赛指导书，也可以作为相关专业开展实训教学用书。为了便于本课程教学，作者自制免费课件资源，索取方式为：1. 邮箱：jckj@cabp.com.cn；2. 电话：（010）58337285；3. 建工书院：http://edu.cabplink.com；4. QQ交流群：796494830。

责任编辑：司　汉　李　阳
责任校对：李美娜

住房和城乡建设部"十四五"规划教材
中等职业教育技能实训教材

建筑 CAD 实训
（含赛题剖析）

中国建设教育协会　组织编写
张　雷　主　编
董祥国　主　审

*

中国建筑工业出版社出版、发行（北京海淀三里河路 9 号）
各地新华书店、建筑书店经销
北京鸿文瀚海文化传媒有限公司制版
北京同文印刷有限责任公司印刷

*

开本：787 毫米×1092 毫米　1/16　印张：15　字数：371 千字
2022 年 9 月第一版　2023 年 12 月第四次印刷
定价：**40.00 元**（赠教师课件）
ISBN 978-7-112-27408-6
（39587）

出版说明

党和国家高度重视教材建设。2016 年，中办国办印发了《关于加强和改进新形势下大中小学教材建设的意见》，提出要健全国家教材制度。2019 年 12 月，教育部牵头制定了《普通高等学校教材管理办法》和《职业院校教材管理办法》，旨在全面加强党的领导，切实提高教材建设的科学化水平，打造精品教材。住房和城乡建设部历来重视土建类学科专业教材建设，从"九五"开始组织部级规划教材立项工作，经过近 30 年的不断建设，规划教材提升了住房和城乡建设行业教材质量和认可度，出版了一系列精品教材，有效促进了行业部门引导专业教育，推动了行业高质量发展。

为进一步加强高等教育、职业教育住房和城乡建设领域学科专业教材建设工作，提高住房和城乡建设行业人才培养质量，2020 年 12 月，住房和城乡建设部办公厅印发《关于申报高等教育职业教育住房和城乡建设领域学科专业"十四五"规划教材的通知》（建办人函〔2020〕656 号），开展了住房和城乡建设部"十四五"规划教材选题的申报工作。经过专家评审和部人事司审核，512 项选题列入住房和城乡建设领域学科专业"十四五"规划教材（简称规划教材）。2021 年 9 月，住房和城乡建设部印发了《高等教育职业教育住房和城乡建设领域学科专业"十四五"规划教材选题的通知》（建人函〔2021〕36 号）。为做好"十四五"规划教材的编写、审核、出版等工作，《通知》要求：（1）规划教材的编著者应依据《住房和城乡建设领域学科专业"十四五"规划教材申请书》（简称《申请书》）中的立项目标、申报依据、工作安排及进度，按时编写出高质量的教材；（2）规划教材编著者所在单位应履行《申请书》中的学校保证计划实施的主要条件，支持编著者按计划完成书稿编写工作；（3）高等学校土建类专业课程教材与教学资源专家委员会、全国住房和城乡建设职业教育教学指导委员会、住房和城乡建设部中等职业教育专业指导委员会应做好规划教材的指导、协调和审稿等工作，保证编写质量；（4）规划教材出版单位应积极配合，做好编辑、出版、发行等工作；（5）规划教材封面和书脊应标注"住房和城乡建设部'十四五'规划教材"字样和统一标识；（6）规划教材应在"十四五"期间完成出版，逾期不能完成的，不再作为《住房和城乡建设领域学科专业"十四五"规划教材》。

住房和城乡建设领域学科专业"十四五"规划教材的特点，一是重点以修订教育部、住房和城乡建设部"十二五""十三五"规划教材为主；二是严格按照专业标准规范要求编写，体现新发展理念；三是系列教材具有明显特点，满足不同层次和类型的学校专业教学要求；四是配备了数字资源，适应现代化教学的要求。规划教材的出版凝聚了作者、主审及编辑的心血，得到了有关院校、出版单位的大力支持，教材建设管理过程有严格保障。希望广大院校及各专业师生在选用、使用过程中，对规划教材的编写、出版质量进行反馈，以促进规划教材建设质量不断提高。

住房和城乡建设部"十四五"规划教材办公室
2021 年 11 月

前 言

本教材注重落实立德树人根本任务，促进学生成为德智体美劳全面发展的社会主义建设者和接班人。教材内容融入思想政治教育，推进中华民族文化自信自强，贯彻全国职业教育大会精神，落实《国家职业教育改革实施方案》，遵循国家中等职业教育发展思路，注重技能教育，以"建筑制图与建筑CAD"技能融合培养、"建筑CAD技能"竞赛规程引领带动为主线，促进建筑CAD课程教学改革。

本教材是一本"互联网＋"教材，其最大特点是配置丰富详实的数字化学习资源，侧重提升学生实操能力，将"建筑制图与建筑CAD"技能有机融合，书中附有二维码教学资源链接。采用项目教学管理方法，以"建筑CAD"赛项（中职组）赛题为实践内容，具有较强的竞赛前瞻性。

学生能借助本教材的"实例教学"和"项目式"系统地学习，完整系统地掌握建筑CAD的应用和操作。还可借助现代的教育信息技术，把知识点变成简单易懂的形式，将理论内容和可视化微教程结合在一起，促进职业院校建筑工程技术人才CAD绘图能力的培养。

本教材由全国职业院校技能大赛中职组建筑装饰技能和建筑CAD赛项专家张雷教授（山东建筑大学）担任主编，并负责全书的修改和统稿。黄泽均（深圳市第一职业技术学校）、叶丽（宁波行知中等职业学校）、薛晓静（青岛西海岸新区职业中等专业学校）、杨军（石河子工程职业技术学院）担任副主编，刘怡（广州市城市建设职业学校）、姬寓（南京高等职业技术学校）、陈冕（天水市职业技术学校）、费杰（宁波行知中等职业学校）、赵伟森（河北城乡建设学校）担任编委。具体分工如下：

项目章节	参编人员
项目1　建筑CAD概述	刘怡
项目2　创建样板文件	姬寓
项目3　三面投影图的绘制	陈冕
项目4　建筑平面图的绘制	薛晓静、叶丽
项目5　建筑立面图的绘制	薛晓静
项目6　建筑剖面图的绘制	杨军
项目7　建筑构件图样的绘制	黄泽均
项目8　建筑装饰图的绘制	叶丽
项目9　图形输出	费杰
项目10　建筑三维建模	黄泽均、陈冕、费杰
项目11　从CAD到BIM	张雷、赵伟森

广州中望龙腾软件股份有限公司孙小雪和韩伟伟提供了中望CAD软件和视频微课的相关技术资料。本书编写过程中得到了2018年、2021年全国职业院校技能大赛建筑CAD

赛项专家组组长东南大学董祥国教授、中国建设教育协会丁乐的大力支持,在此一并表示感谢!

　　本教材配套网络教学资源,可直接扫描教材中相应任务的二维码获取相关教学资源。

　　由于编者水平有限,若有不当,恳请批评指正。

目 录

Chapter 01

项目1

建筑CAD概述

教学目标

1. 知识目标

（1）了解 CAD 技术的发展趋势和基本功能；

（2）熟悉中望 CAD 软件的工作界面。

2. 能力目标

（1）会使用中望 CAD 创建和修改图层；

（2）能对中望 CAD 软件进行基本操作。

3. 思政目标

（1）让学生了解拥有自主知识产权对科技强国的重要性；

（2）具有良好的制图员职业素养及职业规范精神；

（3）具有工程思维与创新意识。

思维导图

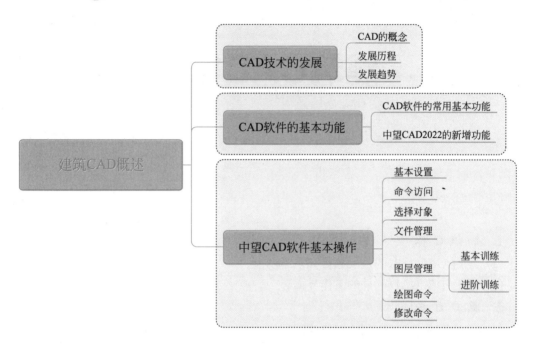

引言

　　具有自主知识产权的关键技术、核心技术、产业发展主导权是企业的"命门"所在。企业必须在核心技术上不断实现突破，掌握更多具有自主知识产权的关键技术，掌握产业发展主导权。

　　中望 CAD 产品采用自主研发内核，使产品具备异构跨平台能力，提供二维及三维对象的浏览、创建、编辑、输出等丰富功能，兼备强大的 API（Application Programming Interface，应用程序编程接口），满足行业用户自定义需求，破解底层技术"卡脖子"问题。

任务 1.1　CAD 技术的发展

1.1.1　CAD 的概念

　　CAD 即"计算机辅助设计"（Computer-Aided Design），是计算机技术与工程设计相结合的产物，它着重研究解决如何利用计算机这一现代化的工具去辅助工程人员更好地进行设计。CAD 的核心技术是关于工程图形的计算机处理技术。

1.1.2　CAD 的发展历程及趋势

（1）国外 CAD 的发展

CAD 的发展可追溯到 20 世纪 50 年代，当时美国麻省理工学院（MIT）在其研制的名为"旋风 1 号"的计算机上采用了阴极射线管（Cathode Ray Tube，CRT）做成的图形显示器，可以显示一些简单的图形。

20 世纪 60 年代是 CAD 发展的起步时期。1963 年，美国学者伊凡·苏泽兰（Ivan Sutherland）在其博士论文中开发出了一个革命性的计算机程序——Sketchpad。他在 1988 年获得图灵奖（Turing Award），2012 年获得京都奖（Kyoto Prize）。Sketchpad 是最早的人机交互式（Human-Computer Interaction，HCI）计算机程序，成为之后众多交互式系统的蓝本，是计算机图形学的一大突破，被认为是现代计算机辅助设计的始祖。从此掀起了大规模研究计算机图形学的热潮，并开始出现"CAD"这一术语。

20 世纪 70 年代，CAD 技术进入广泛使用时期。计算机硬件从集成电路发展到大规模集成电路，出现了廉价的固体电路随机存储器，图形交互设备也有了发展，出现了能产生逼真图形的光栅扫描显示器、光笔和图形输入板等。同时，以中小型机为核心的 CAD 系统飞速发展，出现了面向中小企业的 CAD/CAM 商品化系统。到 20 世纪 70 年代后期，CAD 技术已在许多工业领域得到了实际应用。

20 世纪 80 年代，CAD 技术进入突飞猛进时期。小型机（特别是微型机）的性价比不断提高，极大地促进了 CAD 的发展。同时，计算机外围设备，如彩色高分辨率图形显示器、大型数字化仪、自动绘图机等图形输入输出设备，已逐步形成质量可靠的系列产品，为推动 CAD 技术向更高水平发展提供了必要条件。

20 世纪 90 年代，CAD 技术的发展更趋成熟，将开放性、标准化、集成化和智能化作为其发展特色。现在开发应用软件，一般是在某个支撑平台上进行二次开发，因此 CAD 系统必须具有良好的开放性，以满足各行各业 CAD 应用的需要。为了实现并行工程和协同工作，将 CAD、CAM、CAPP（计算机辅助工艺编程）、NCP（数控编程）、CAT（计算机辅助测试）集成为一体，为 CAD 技术的发展和应用提供了更广阔的空间。

进入 21 世纪，随着计算机软硬件、人工智能技术、网络技术和计算机模拟技术等不断发展，未来 CAD 技术的发展将趋向集成化、智能化、标准化和网络化。BIM（Building Information Modeling，建筑信息模型）技术的诞生，从某种意义上来说，是由 CAD 技术衍生而出，它传承了 CAD 技术的部分内容，成为改变全球建筑业发展的数字化技术。

（2）国内 CAD 的发展

国产 CAD 软件主要包括中望 CAD、浩辰 CAD、天正 CAD 等。其中，中望 CAD 是广州中望龙腾软件股份有限公司推出的，主要用于二维制图，兼有部分三维功能，成为企业 CAD 正版化的最佳解决方案。自 1993 年发展至今，从初期的 RD1.0 版本，经多次典型版本更新和性能提升中望 CAD 完全拥有自主知识产权，是第三代二维 CAD 平台软件，助力零成本切换和高效应用，具有全兼容、高效率、运行稳定、灵活授权等特点。

任务 1.2 CAD 软件的基本功能

1.2.1 CAD 软件的常用基本功能

CAD 作为一种制图类软件，具有简便易学、精确高效、功能强大、体系结构开放等优点，能够绘制平面二维图形及三维图形。用户可以使用它来创建、浏览、管理、打印、输出、共享设计图形。主要具有以下功能：

(1) 完善的图形绘制功能；

(2) 强大的图形编辑功能；

(3) 可以采用多种方式进行二次开发或用户定制；

(4) 可以进行多种图形格式的转换，有较强的数据交换能力；

(5) 强大的三维造型功能；

(6) 图形渲染功能；

(7) 提供数据和信息查询功能；

(8) 尺寸标注和文字输入功能；

(9) 图形输出与发布功能。

1.2.2 中望 CAD2022 的新增功能

中望 CAD 自 2002 版首次发布以来，一直在更新换代，每一个版本都在原有的基础上迭代了许多强大的功能，使之日趋完善。目前最新版本为中望 CAD2022 版，该版本在界面、显示、AI、交互等方面增加了部分功能，主要有：(1) 智能打印功能优化；(2) 智能语音转换文字；(3) 表格单元格数据类型；(4) 透明命令；(5) 消隐效果显示优化；(6) 样条曲线炸开；(7) 经典模式与 Ribbon 界面共存同显；(8) IFC 导入；(9) 平面摄影；(10) CAD 标准；(11) 关联阵列；(12) 数据链接。

任务 1.3 中望 CAD 软件的基本操作

1.3.1 基本设置（工作界面及常用操作）

启动中望 CAD2022（教育版）（本教材均以中望 CAD 2022（教育版）软件进行操作，以下简称：中望 CAD）将打开软件的工作界面，如图 1.3-1 所示，整个界面由标题栏、菜单栏、工具栏、绘图区、命令行、状态栏、计算器、特性等组成。

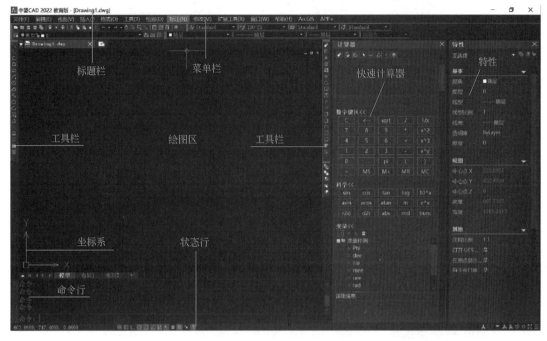

图 1.3-1　中望 CAD 工作界面

1. 标题栏

在中望 CAD 工作界面的最上端是标题栏。在标题栏中，显示了系统当前正在运行的应用程序和用户正在使用的图形文件。启动软件时，标题栏将显示软件在启动时创建并打开的图形文件的名称 Drawing1.dwg，如图 1.3-1 所示。

2. 菜单栏

工作界面标题栏的下方是菜单栏。同众多常用软件一样，中望 CAD 的菜单也是下拉形式的，有些下拉菜单中包含子菜单。中望 CAD 的菜单栏中有"文件""编辑""视图""插入""格式""工具""绘图""标注""修改""扩展工具"等菜单，它们几乎包含了中望 CAD 的所有命令。点开下拉菜单中的命令主要有以下几种形式：

（1）带三角形菜单命令

这种类型的命令后面带有子菜单。例如，单击"绘图"菜单，指向其下拉菜单中"圆弧（A）"命令，屏幕上就会出现"圆弧（A）"命令的子菜单，如图 1.3-2 所示。

（2）直接执行的菜单命令

这种类型的命令将直接进行相应的绘图或其他操作。例如，单击"绘图"菜单，指向其下拉菜单"矩形（G）"命令，系统将直接执行该命令，如图 1.3-3 所示。

（3）打开对话框的菜单命令

这种类型的命令后面带有省略号。例如，单击"格式"菜单中的"文字样式（S）…"命令，系统将弹出"文字样式管理器"对话框，如图 1.3-4 所示。

图 1.3-2　带三角形菜单命令　　　图 1.3-3　直接执行的菜单命令

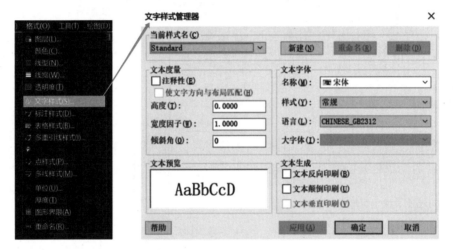

图 1.3-4　打开对话框的菜单命令

3. 工具栏

工具栏是一组图标型工具的集合。把光标悬停在图标稍停片刻，即在该图标一侧显示出相应工具的命令名。此时，单击图标就可以执行相应命令。

在默认情况下，可以见到绘图区顶部的"标准"工具栏、"对象特性"工具栏、"样式"工具栏以及"图层"工具栏（图 1.3-5）和位于绘图区左侧的"绘图"工具栏和右侧的"修改"工具栏（图 1.3-6）。

（1）设置工具栏

中望 CAD 提供了几十种工具栏，将光标放在任一工具栏的非标题区，单击鼠标右键，系统会自动打开单独的绘图菜单，单击"ZWCAD"将显示出工具栏标签，如图 1.3-7 所示。用鼠标左键单击某一个未在界面显示的工具栏名，系统自动在界面打开该工具栏。反之，关闭工具栏。

图 1.3-5 "标准""对象特性""图层""样式""特性"工具栏

图 1.3-6 "绘图""修改"工具栏

（2）工具栏的"浮动""固定"与"打开"

工具栏可以在绘图区"浮动"，如图 1.3-8 所示，此时显示该工具栏标题，并可关闭该工具栏。用鼠标可以拖动"浮动"工具栏到图形区边界，使它变为"固定"工具栏，此时该工具栏标题隐藏，也可以把"固定"工具栏拖出，使它成为"浮动"工具栏。

在某些图标的右下角带有一个小三角，按住鼠标左键可打开相应的工具下拉列表，可按住鼠标左键，将光标移动到某一图标上然后松开，该图标就成为当前图标。单击当前图标，即可执行相应的命令，如图 1.3-9 所示。

图 1.3-7 设置工具栏

图 1.3-8 "浮动"工具栏

图 1.3-9 图标右下角带三角形工具栏

4. 绘图区

绘图区是指工作界面中间的大片空白区域，它是用户绘制图形的区域。绘图区域中，有一个十字光标，如图 1.3-10 所示，其交点就是光标在当前的坐标。在中望 CAD 中，将该十字线称为光标，通过光标显示当前点的位置，十字线的方向与当前用户坐标系的 X 轴和 Y 轴方向平行。

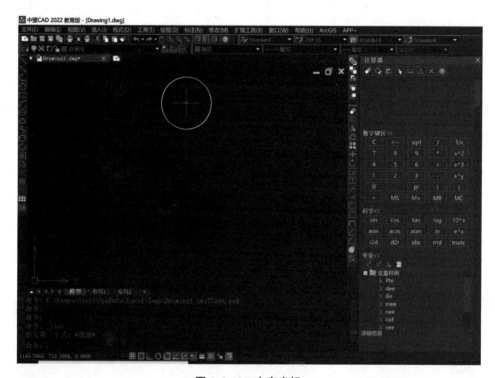

图 1.3-10　十字光标

（1）设置十字光标的大小

用户可以根据绘图的实际需要更改光标大小。单击"工具"菜单中的"选项"（OPTION）命令，或在绘图区右键单击，选择"选项"标签，或在命令行键入"OP"快捷键，屏幕上将弹出"选项"对话框，单击"显示"选项卡，在"十字光标大小"选项组中的文本框中直接输入数值，或者拖动编辑框后的滑块，即可对十字光标的大小进行调整，如图 1.3-11 所示。

（2）设置绘图窗口的颜色

在"选项"选项卡中单击"窗口元素"选项组中的"颜色"按钮，将打开"图形窗口颜色"对话框，可根据用户需求调整颜色，如图 1.3-12 所示。

5. 命令行

命令行是输入命令名和显示命令提示的区域，默认的命令行布置在绘图区下方，是若干文本行。命令行可以移动拆分条，扩大与缩小命令行窗口，如图 1.3-13 所示。

对当前命令行中输入的内容，可以按 F2 热键用编辑文本的方法进行编辑，如图 1.3-14 所示。

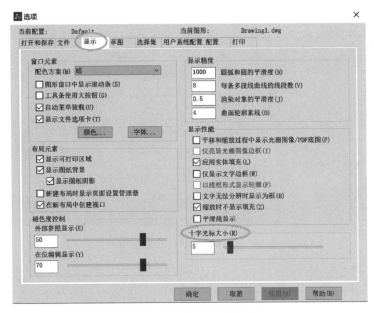

图 1.3-11 "选项"对话框

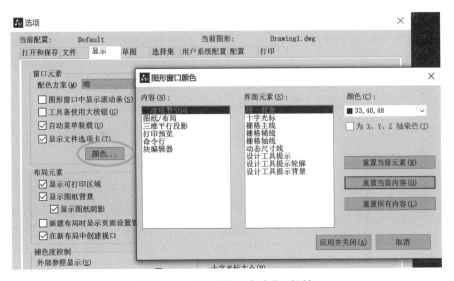

图 1.3-12 "图形窗口颜色"对话框

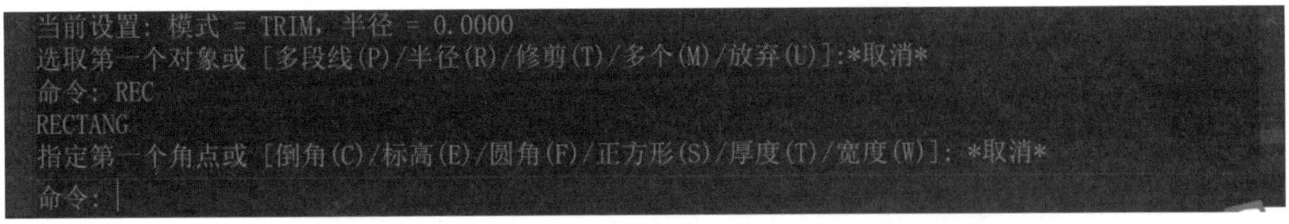

当前设置：模式 = TRIM，半径 = 0.0000
选取第一个对象或 [多段线(P)/半径(R)/修剪(T)/多个(M)/放弃(U)]：*取消*
命令：REC
RECTANG
指定第一个角点或 [倒角(C)/标高(E)/圆角(F)/正方形(S)/厚度(T)/宽度(W)]：*取消*
命令：

图 1.3-13 命令行

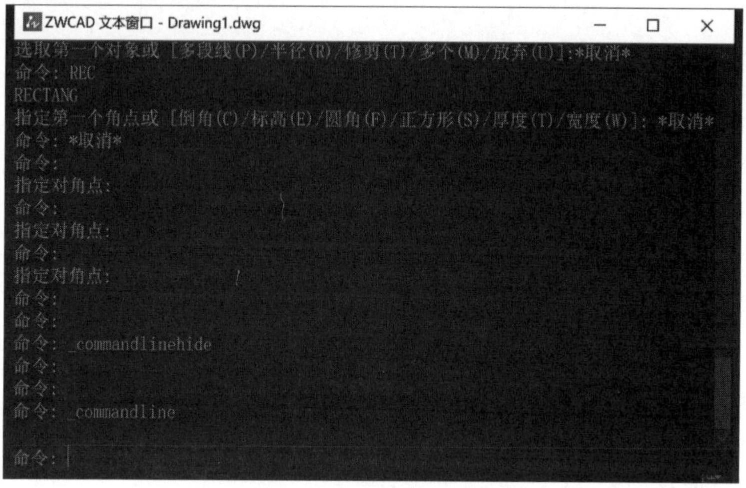

图 1.3-14　命令行文本窗口

6. 状态栏

状态栏在屏幕的底部（图 1.3-15），左端显示光标的坐标值 X、Y、Z，在右侧依次有"捕捉模式""栅格显示""正交模式""极轴追踪""对象捕捉""对象捕捉追踪""动态 UCS""动态输入""显示/隐藏线宽""显示/隐藏透明度""选择循环""模型或图纸空间" 12 个辅助功能图标。左键单击这些按钮，可以实现这些功能的开关切换，右键单击这些按钮，左键单击"设置"，可以调出"草图设置"对话框，根据用户需求进行参数设置，如图 1.3-16 所示。

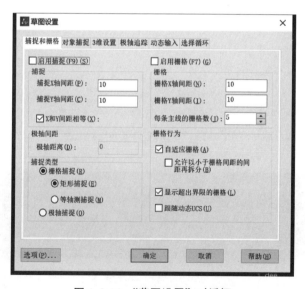

图 1.3-15　状态栏

图 1.3-16　"草图设置"对话框

1.3.2　命令访问和对象选择

1. 命令访问

软件操作的大多数命令有多种执行方式，可通过对话框或通过命令行输入命令，部分命令同时存在命令行、菜单和工具栏等执行方式。例如，访问"直线命令"。

（1）在命令行输入命令名

在命令行输入命令名"LINE"，命令字符不区分大小写（图 1.3-17）。

选项中不带括号的提示为默认选项，可以直接输入直线段的起点坐标或在屏幕指定一点，如果要选择其他选项，则应首先输入该选项的标识字符，如"放弃"选项的标识字符"U"，然后按系统提示输入数据即可。在命令选项的后面有时候还带有尖括号，尖括号内的数值为默认数值。

图 1.3-17　在命令行输入命令名访问命令

（2）在命令行输入已定义的快捷键命令

如 L（Line）、C（Circle）、A（Arc）、Z（Zoom）、R（Redraw）、M（Move）、CO（Copy）、PL（Pline）、E（Erase）等。

（3）选择"绘画"菜单中的"直线"命令

选取该命令后，状态栏可以显示对应的命令名及命令说明。通过菜单或工具栏方式执行"直线"命令时，命令行会显示"_line"，命令的执行过程和结果与命令行方式相同。

（4）单击工具栏中的对应图标

鼠标左键单击■图标，在命令行中也可以看到对应的命令名及命令说明。

（5）使用历史命令

如果前面刚使用过要输入的命令，可以在命令行打开右键快捷菜单，在"近期使用的命令"子菜单中选择需要的命令，如图 1.3-18 所示。"近期使用的命令"子菜单中储存了最近使用的命令。

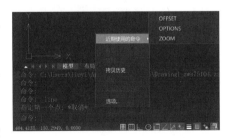

图 1.3-18　在近期使用的命令访问命令

（6）重复访问上一个命令

重复访问上一个命令，可以通过"空格"或"Enter"键来实现。

2. 对象选择

中望 CAD 选择对象时，有"点选""框选""叉选"三种方法。如图 1.3-19 所示。

（1）"点选"

使用鼠标左键单击对象进行选择，这种方式每次操作只能选择一个对象。

（2）"框选"

使用鼠标左键从左向右进行矩形选择，整个对象位于矩形选择框内的将会被选中。

（3）"叉选"

使用鼠标左键从右往左进行矩形选择，凡是进入矩形选择框的对象都会被选中。用户可以根据自己的需求使用不同的方法进行对象选择。

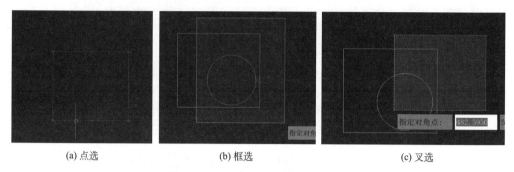

(a) 点选　　　　　　　　　(b) 框选　　　　　　　　　(c) 叉选

图 1. 3-19　"点选""框选""叉选"

1.3.3　文件管理和图层管理

1. 打开已有文件

在命令行键入"OPEN"命令，或单击菜单"文件"下的"打开"，或使用快捷键"Ctrl＋O"，或单击工具栏![icon]，系统都将打开"选择文件"对话框，在"文件类型"列表框中可以选择"＊.dwg""＊.dwt""＊.dxf""＊.dwfx""＊.dws"等文件类型，如图 1.3-20 所示。

图 1. 3-20　打开已有文件

2. 新建文件

在命令行键入"NEW"命令，或单击菜单"文件"下的"新建"，或使用快捷键"Ctrl＋N"，或单击工具栏![icon]，系统都将打开"选择样板文件"对话框，用户可以根据需求选择不同的样板文件，在"文件类型"列表框中可以选择"＊.dwt""＊.dwg""＊

.dws"等文件类型，如图 1.3-21 所示。

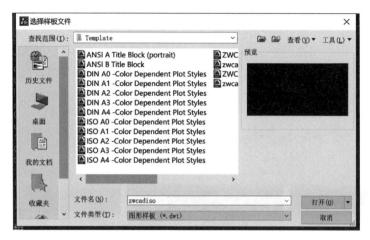

图 1.3-21　新建文件

3. 保存文件

在命令行键入"SAVE"命令，或单击菜单"文件"下的"另存为"，或使用快捷键"Ctrl＋Shift＋S"，或单击工具栏 ▣，系统都将打开"图形另存为"对话框，如图 1.3-22 所示，在"文件类型"列表框中可以选择高版本或低版本的文件类型。

图 1.3-22　保存文件

4. 退出

在命令行键入"QUIT"命令，或单击菜单"文件"下的"退出"，或者按操作界面右上角的"关闭"按钮 ×，可以退出软件。

5. 设置单位

在"格式"下拉菜单执行"单位"，或命令行输入快捷命令"UN"或"UNITS"，系统将弹出"图形单位"对话框的设置窗口，用户可以根据需求，对长度、角度、插入比例等进行设置，如图 1.3-23 所示。

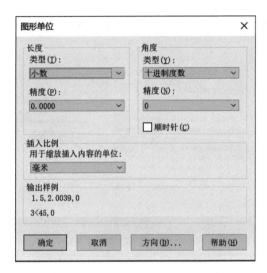

图 1.3-23　"图形单位"设置对话框

6. 设置图形边界

在"格式"下拉菜单执行"图形界限"，或命令行输入快捷命令"LIMITS"，命令行提示"指定左下点或限界［开（ON）/关（OFF）］＜0，0＞:"，输入图形边界左下角的坐标后按"Enter"键，然后根据命令行提示"指定右上点＜420，297＞:"，输入图形边界右上角的坐标后按"Enter"键，即可完成图形边界的设置，如图 1.3-24 所示。

图 1.3-24　设置图形边界

7. 图层管理

（1）执行图层管理命令

在"格式"下拉菜单执行"图层"，或命令行输入快捷命令"LA"或"LAYER"，或左键单击 █ 按钮，系统将弹出"图层特性管理器"对话框。在默认状态下，系统提供了一个"0"图层，用户可以根据需求，对图层的颜色、线型、线宽、透明度、开关、冻结、锁定等进行设置修改，如图 1.3-25 所示。

（2）新建图层

在对话框中，通过按"Enter"键，或鼠标左键单击 █ "新建图层"按钮，可新建图层，设置图层的颜色、线型、线宽、透明度等。

（3）图层管理

在绘图过程中，可以利用图层工具栏对图层进行快速开关、隐藏、隔离、设置为当前图层、锁定、删除等操作，如图 1.3-26 所示。

在建筑 CAD 制图中，为保障所绘图纸规范、美观，所设置的图层应符合《房屋建筑

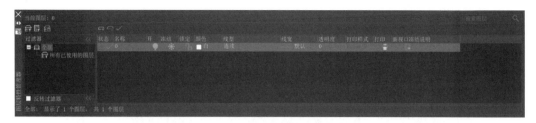

图 1.3-25　图层特性管理器

图 1.3-26　图层工具栏

制图统一标准》GB/T 50001—2017 中关于线型、线宽的要求。具体见表 1.3-1。

线型要求　　　　　　　　　　　　　　　　　　　表 1.3-1

名称		线型	线宽	一般用途
实线	粗	────────	b	主要可见轮廓线
	中粗	────────	$0.7b$	可见轮廓线
	中	────────	$0.5b$	可见轮廓线、尺寸线、变更云线
	细	────────	$0.25b$	图例填充线、家具线
虚线	粗	─ ─ ─ ─ ─	b	见各有关专业制图标准
	中粗	─ ─ ─ ─ ─	$0.7b$	不可见轮廓线
	中	─ ─ ─ ─ ─	$0.5b$	不可见轮廓线、图例线
	细	─ ─ ─ ─ ─	$0.25b$	图例填充线、家具线
单点长画线	粗	─ · ─ · ─	b	见各有关专业制图标准
	中	─ · ─ · ─	$0.5b$	见各有关专业制图标准
	细	─ · ─ · ─	$0.25b$	中心线、对称线、轴线等
双点长画线	粗	─ ·· ─ ·· ─	b	见各有关专业制图标准
	中	─ ·· ─ ·· ─	$0.5b$	见各有关专业制图标准
	细	─ ·· ─ ·· ─	$0.25b$	假想轮廓线、成型前原始轮廓线
折断线	细	───∿───	$0.25b$	断开界线
波浪线	细	～～～～	$0.25b$	断开界线

在中望 CAD 中，设置粗实线、点画线、细实线、细虚线、中粗线、中实线、具体如图 1.3-27 所示。

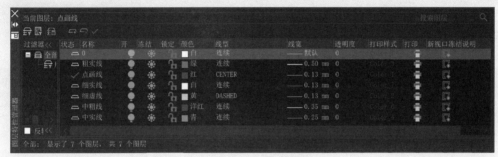

图 1.3-27 设置图层

为绘制建筑施工图设置轴线、墙体、门窗、楼梯踏步、散水坡道、标注、文字、填充等图层。图层颜色自定、图层线型和线宽应符合建筑制图国家标准要求。（本题选自 2021 年全国职业院校技能大赛中职组建筑 CAD 赛项-模块二-任务六-1. 绘图环境设置）

小提示

① 新建的图形中一定会有一个名称为"0"的图层，尽量不要在这个图层上绘图，一般在定义图块时我们在这个图层上进行。

② 在绘图过程中一般在标注尺寸时，中望 CAD 会自动生成一个名称为"Defpoints"的图层，这个图层中的内容能显示出来但是不会被打印出来，可以利用这个图层绘制辅助线。

1.3.4 常用绘图和修改命令

在中望 CAD 中，系统提供了直线、圆等二十多个绘图工具和编辑工具，其使用说明见表 1.3-2 和表 1.3-3。

常用绘图工具　　　　　　　　　　　　　　　　　　　　　表 1.3-2

绘图工具	工具图标	作用	命令（缺省快捷键）	视频
直线		创建直线段	Line(L)	
构造线		创建无限长的线	Xline(XL)	1.3-4
多段线		创建二维多段线	Pline(PL)	
正多边形		创建等边闭合多段线	Polygon(POL)	1.3-5
矩形		创建矩形多段线	Rectangle(REC)	
圆弧		创建圆弧	Arc(A)	1.3-6
圆		创建圆	Circle(C)	
圆环		创建圆环	Donut(DO)	1.3-7
多线		创建多条线段	Mline(ML)	
射线		创建射线	Xline(XL)	1.3-8
图案填充		使用填充图案或填充对封闭区域或选定对象进行填充	Hatch(H)	1.3-9

常用修改工具　　　　　　　　　　　　　　　　　　　　　表 1.3-3

编辑工具	工具图标	作用	命令（缺省快捷键）	视频
删除		删除对象	Erase(E)	
复制		将对象复制到指定方向的指定距离处	Copy(CO)	1.3-10
镜像		创建选定对象的镜像副本	Mirror(MI)	
偏移		创建平行线、同心圆、等距曲线	Offset(O)	1.3-11

编辑工具	工具图标	作用	命令（缺省快捷键）	视频
阵列		按照行列或路径或环形创建选定对象的副本	Array(AR)	1.3-12
移动		将对象在指定方向上移动指定距离	Move(M)	
旋转		绕基点旋转对象	Rotate(RO)	1.3-13
缩放		放大或缩小选定对象	Scale(SC)	
拉伸		通过叉选的方式拉伸对象	Stretch(S)	1.3-14
修剪		修剪对象以适合其他对象的边	Trim(TR)	
延伸		延伸对象以适合其他对象的边	Extend(EX)	1.3-15
打断		在两点之间打断选定的对象	Break	
合并		合并连续的对象以形成一个整体	Join	1.3-16
倒角		给对象加倒角	Chamfer(CHA)	
圆角		给对象加圆角	Fillet(F)	1.3-17

　　说明：自本教材项目 2 起，使用"绘图工具"或"编辑工具"时，采用的形式均为"命令（快捷键）"。例如：直线（L）、镜像（MI）或 STYLE（ST）、DIMSTYLE（D）等形式。

项目2

创建样板文件

 教学目标

1. 知识目标

（1）理解样板文件的作用；

（2）熟悉相关制图标准的规定。

2. 能力目标

（1）熟练设置文字和尺寸样式；

（2）掌握制图规范对相关参数的实际应用。

3. 思政目标

（1）具有严格遵守国家标准规定的意识，培养良好的制图习惯；

（2）养成良好的工作习惯和细致的工匠精神。

思维导图

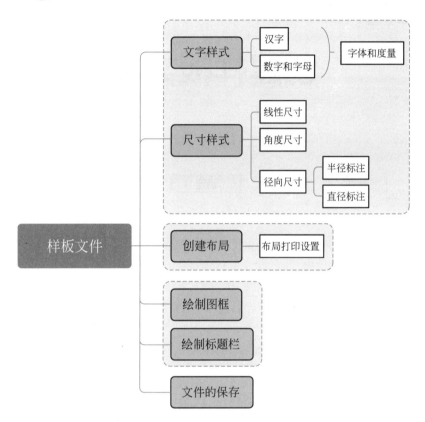

引言

　　样板图形存储图形的所有设置，还可能包含预定义的图层、标注样式和视图。也可根据不同行业、不同公司进行个性化设置，将公司内部的图纸进行统一编辑和输出，除了可以满足制图规范要求外，还可以体现一个公司的设计文化。

任务 2.1　文字样式

2.1-1
文字样式

　　文字样式的作用是控制图形中所使用文字的字体、高度、宽度比例等。在一幅图形中可以定义多种文字样式，以满足不同对象的需要。如果在输入文字时使用不同的文字样式，就会得到不同的文字效果。中望 CAD 软件中附带了许多的字体，但是并非所有字体均符合我国的制图规范，因此在进行尺寸标注及文字注释前应设置符合制图规范的文字样式。

2.1.1　设置"汉字"的文字样式

执行命令"STYLE（ST）"，打开"文字样式"对话框，单击"新建"按钮，将打开如图 2.1-1 所示的"新建文字样式"对话框，输入汉字的样式名称"HZ"，单击"确定"按钮，返回"文字样式"对话框，并在"样式"名列表框中显示新建的文字样式名。

图 2.1-1　新建汉字的文字样式

如图 2.1-2 所示，在"文字样式"对话框的"文字字体"区，设置文字样式名称为"仿宋"，语言为"CHINESE_GB2312"。在"文字度量"区，设置汉字的文字"高度"为 3.5，"宽度因子"为 0.7。单击"确定"按钮后，汉字的文字样式设置完成。

图 2.1-2　设置汉字的文字样式

2.1.2　设置"数字和字母"的文字样式

执行命令"STYLE（ST）"，打开"文字样式"对话框，单击"新建"按钮，将打开如图 2.1-3 所示的"新建文字样式"对话框，输入汉字的样式名称"XT"，单击"确定"按钮，返回"文字样式"对话框，并在"样式"名列表框中显示新建的文字样式名。

图 2.1-3　新建数字和字母文字样式

如图 2.1-4 所示，在"文字样式"对话框的"文字字体"区，设置文字样式名称为
"simplex. shx"，大字体为"HZTXT"。在"文字度量"区，设置数字和字母的文字"高
度"为 3.5，"宽度因子"为 0.7。单击"确定"按钮后，数字和字母的文字样式设置
完成。

图 2.1-4　设置数字和字母文字样式

任务 2.2　尺寸样式

2.2-1
尺寸样式

　　绘制施工图时，在尺寸标注之前应进行尺寸样式的设置，使得在标注线
性、半径、角度等各种尺寸时能够自动切换，按照国家制图规范的样式进行
标注。

2.2.1　尺寸组成

如图 2.2-1 所示，一个完整的尺寸，一般应由尺寸界限、尺寸线、尺寸起止符号和尺

寸数字等组成。

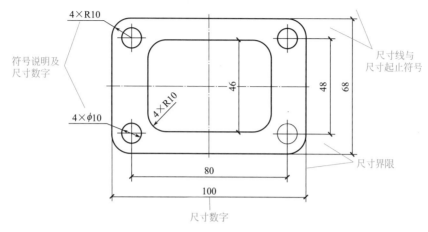

图 2.2-1 尺寸组成

（1）尺寸界限：从标注起点引出的标明标注范围的直线，用细实线绘制。尺寸界限一般从图形的轮廓线、轴线或对称中心线处引出，也可利用轮廓线、轴线或对称中心线作为尺寸界限。尺寸界限一般应与尺寸线垂直，并超出尺寸起止符号 2～5mm。

（2）尺寸线：表明标注的范围，也用细实线绘制，必需绘出。尺寸线不能与其他图线重合或在其延长线上，也不能用其他图线代替。

（3）尺寸起止符号：尺寸线终端常用箭头和斜线两种形式，箭头尺寸线终端适合于各种类型的图样。斜线尺寸线终端只用在尺寸线与尺寸界线垂直的场合，在建筑图中最为常见。

（4）标注文本或尺寸数字：线性尺寸的数字一般注在尺寸线的上方，也允许注写在尺寸线的中断处，字号一致；尺寸数字不得被任何图线通过，如无法避免时，须将图线断开。

2.2.2 尺寸标注的类型

尺寸主要分三类，即线性尺寸、角度尺寸和径向尺寸。

2.2.3 设置尺寸标注样式

1. 新建尺寸标注样式

执行命令"DIMSTYLE（D）"，打开"标注样式管理器"对话框，单击"新建"按钮，将打开如图 2.2-2 所示的"新建标注样式"对话框，输入尺寸样式的样式名称"BZ"，单击"继续按钮"按钮，打开"新建标注样式：BZ"对话框。

2. 设置尺寸样式"BZ"

（1）单击"标注线"选项卡，在"尺寸线"区，修改"基线间距"为"8"；在"尺寸界限偏移"区，设置"原点"为"2"，"尺寸线"为"2"，如图 2.2-3 所示。

图 2.2-2　新建标注样式

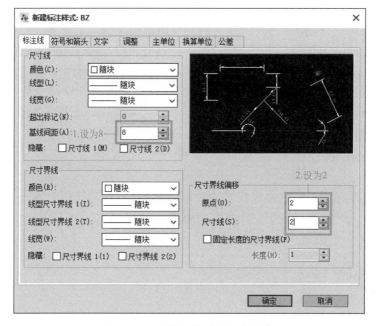

图 2.2-3　设置"标注线"选项卡

（2）单击"符号和箭头"选项卡，在"箭头"区，将"起始箭头"和"终止箭头"修改为"建筑标记"，设置"箭头大小"为 1.5，如图 2.2-4 所示。

（3）单击"文字"选项卡，在"文字外观"区，选择文字样式"XT"，并将"文字高度"设为"3"；在"文字位置"区，将"文字垂直偏移"设为"0.8"，如图 2.2-5 所示。

（4）单击"调整"选项卡，在"调整方式"区，选择"文字始终保持在尺寸界限之间"；可以在"文字位置"区，选择"尺寸线上方，不加引线"，如图 2.2-6 所示。

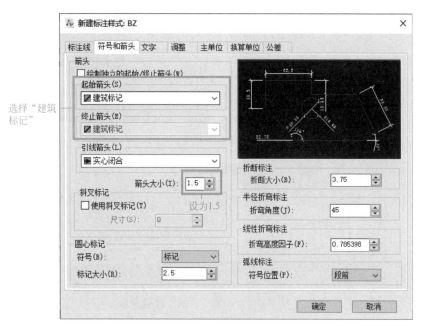

图 2.2-4　设置"符号和箭头"选项卡

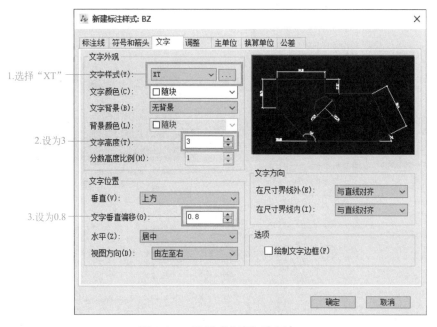

图 2.2-5　设置"文字"选项卡

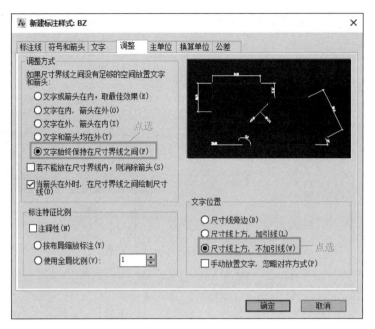

图 2.2-6　设置"调整"选项卡

（5）单击"主单位"选项卡，在"线性标注"区，将"小数分隔符"设置为"句点"，单击"确定"按钮后，线性标注样式设置完成，如图 2.2-7 所示。

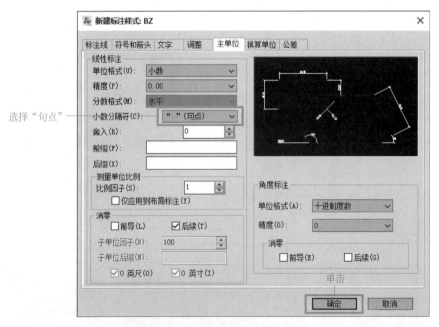

图 2.2-7　设置"主单位"选项卡

3. 创建"半径标注"子样式

继续单击"标注样式管理器"对话框中的"新建"按钮，打开"创建新标注样式"对话框，如图 2.2-8 所示。在"用于"的下拉列表框中，选择"半径标注"，单击"继续"按钮，再次打开"新建标注样式"对话框。

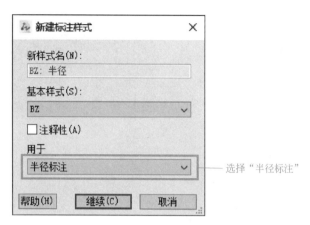

图 2.2-8　新建"半径标注"

在"符号和箭头"选项卡中，在"箭头"区，将"终止箭头"修改为"实心闭合"，设置"箭头大小"为 2.5，如图 2.2-9 所示。

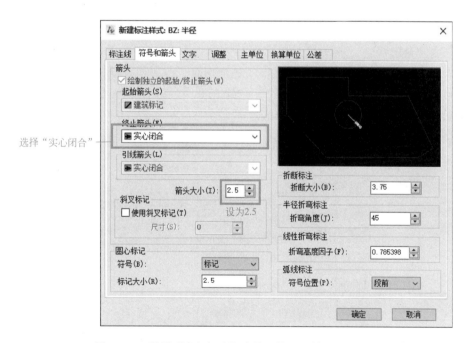

图 2.2-9　设置"半径标注"中的"符号和箭头"选项卡

在"调整"选项卡中，在"文字位置"区，选择"尺寸线上方，加引线"，如图 2.2-10 所示。

4. 创建"直径标注"子样式

除"起始箭头"和"终止箭头"改为"实心闭合"，其他参数设置同"半径标注"子

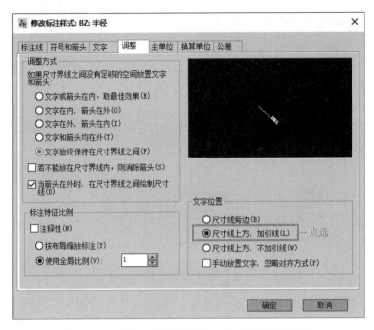

图 2.2-10　设置"半径标注"中的"调整"选项卡

样式的设置。

5. 创建"角度标注"子样式

继续单击"标注样式管理器"对话框中的"新建"按钮，打开"创建新标注样式"对话框，如图 2.2-11 所示。在"用于"的下拉列表框中，选择"角度标注"，单击"继续"按钮，再次打开"新建标注样式"对话框。

图 2.2-11　新建"角度标注"

在"符号和箭头"选项卡中，在"箭头"区，将"起始箭头"和"终止箭头"修改为"实心闭合"，设置"箭头大小"为 2.5，如图 2.2-12 所示。

在"文字"选项卡中，在"文字位置"区，将"垂直"改为"外部"，如图 2.2-13 所示。

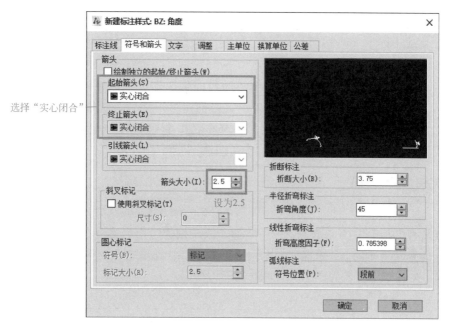

图 2.2-12 设置"角度标注"中的"符号和箭头"选项卡

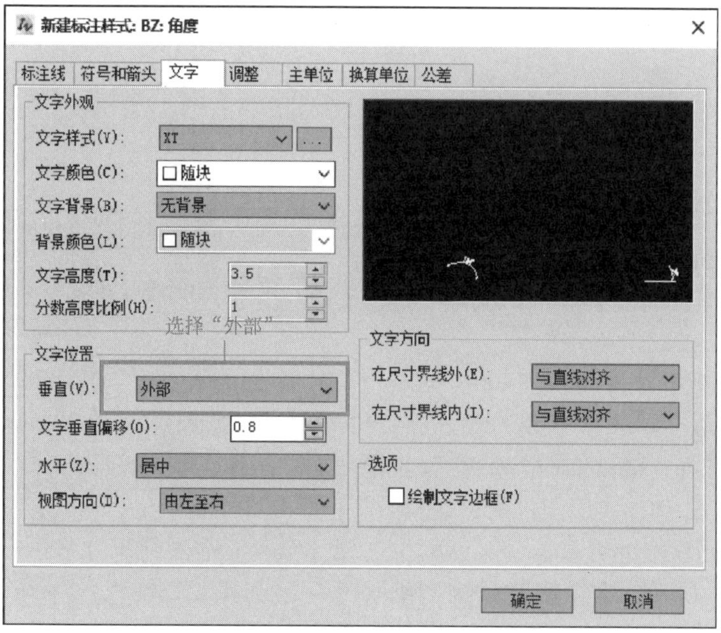

图 2.2-13 设置"角度标注"中的"文字"选项卡

任务 2.3 创建布局

每个布局都代表一张单独的打印输出图纸。在中望 CAD 中，可以创建多个布局，继而在某个布局中可以创建多个视口，激活某个视口后，可以调整视图的显示比例。因此，一个布局中能组织模型空间中的图形不同的区域，以不同比例组合起来，满足工程图样出图需求。

2.3.1 创建 A3 布局

1. 在"视区标签"中，单击"＋"按钮，系统创建一个名为"布局 3"的新布局。

2. 在创建的"布局 3"标签页上右键单击鼠标，从弹出的布局快捷菜单中选择"重命名"选项，并将布局改名为"A3"，如图 2.3-1 所示。

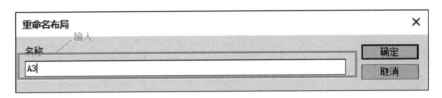

图 2.3-1 新建 A3 布局

2.3.2 A3 布局页面设置

1. 单击"A3"布局后，在"A3"布局标签页上右键单击鼠标，从弹出菜单中选择"页面设置"，弹出"页面设置管理器"对话框。

2. 在"页面设置管理器"中选择"A3"布局，单击"修改"按钮，打开"打印设置"对话框，如图 2.3-2 所示。

3. 在"打印机/绘图仪"区，在"名称"下拉列表中，选择"DWG to PDF. pc5"；在"纸张"下拉列表中，选择"ISO A3（420.00×297.00 毫米）"。在"打印样式表"区的下拉菜单中，选择"Monochrome. ctb"，如图 2.3-3 所示。在"打印机/绘图仪"区中，单击"特性"按钮，弹出"绘图仪配置编辑器"对话框。

4. 在"绘图仪配置编辑器"对话框中选择"修改标准图纸尺寸（可打印区域）"选项，如图 2.3-4 所示。在"修改标准图纸尺寸"区选择"ISO A3（420.00×297.00 毫米）"，单击"修改"按钮，打开"自定义图纸尺寸-可打印区域"对话框。

5. 在"自定义图纸尺寸-可打印区域"对话框中将上、下、左、右设为"0"，如图 2.3-5 所示。按提示依次单击"下一页""下一页""完成""确定""确定""确定"，该布局页面设置完毕。在"A3"布局中，就可以看到可打印边界的虚线已与图纸边界重合。

图 2.3-2　修改"A3"布局

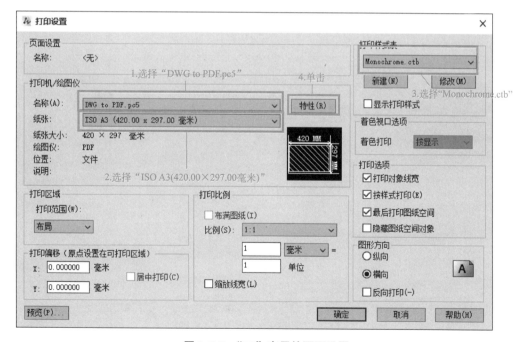

图 2.3-3　"A3"布局的页面设置

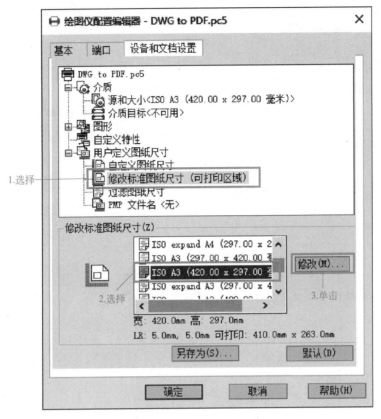

图 2.3-4 设置打印边界

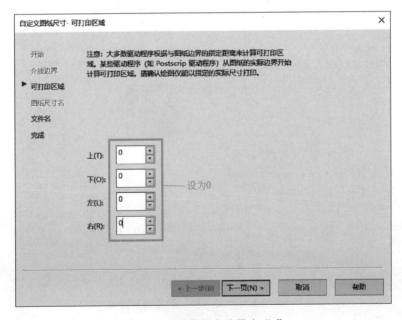

图 2.3-5 设置打印边界为 "0"

任务 2.4　绘制图框

1. 在"A3"布局中，执行命令"RECTANG（REC）"，指定第一角点坐标为"0，0"，其他角点坐标为"420，297"，绘制图幅线。

2. 执行命令"OFFSET（O）"，将绘制完成的图幅线向里偏移"5"的距离，再产生一个矩形框。

3. 执行命令"STRETCH（S）"，将内部矩形框的左侧图幅线向右移动"20"的距离，图框绘制完成。

4. 最后将图框线改成粗线线宽。

2.4-1
绘制图框

任务 2.5　绘制标题栏

2.5.1　绘制图线

用"PLINE""PFFSET""TRIM""DIVIDE"等命令，按图 2.5-1 的尺寸要求和线宽要求绘制图线。

2.5-1
绘制标题栏

（图名）	比例	(SCALE)
	图号	(TH)
制图	（文件夹名）	建筑CAD

8　8　24　8

20　　45　　20　　45

130

图 2.5-1　标题栏

2.5.2　输入文字

执行命令"MTEXT（MT）"，在提示"指定第一角点"时，拾取文字所在框的左下角点 A，在提示"指定对角点"时，拾取文字所在框的右上角点 B。系统将打开"文字格式"编辑器，其操作如图 2.5-2 所示。

用同样的方法输入"比例""图号""建筑 CAD"文字。

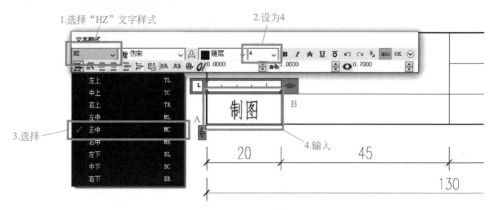

图 2.5-2 "文字格式"编辑器的操作

2.5.3 定义属性

执行命令"ATTDEF（ATT）"，打开"定义属性"对话框进行属性设置，其操作如图 2.5-3 所示。

图 2.5-3 定义属性操作

1. 在"属性"区中，在"名称"文本框输入"（图名）"；在"提示"文本框输入"（图名）"；在"缺省文本"文本框输入"（图名）"。

2. 在"文本"区中的"文字样式"下拉菜单中选择"HZ"文字样式，"对其方式"选择"中心-中"，"文字高度"设为"6"。

3. 单击"定义"按钮，确定属性在块图形中的拾取插入位置，即完成标记为"（图名）"的属性定义，为使属性文本居中，可先绘制一条对角辅助线，拾取其中点。

4. 同样方法定义属性"（文件夹名）""（SCALE）""（TH）"，"文字高度"设为 4。

2.5.4　定义属性块

执行命令"BLOCK（B）"，在弹出的"块定义"对话框中，输入块名"BTL"，用"拾取基点"的方式，拾取基点为标题栏右下角点，用"选择对象"的方式，选择标题栏中的所有对象，勾选"删除对象"，最后单击"确定"按钮，操作如图 2.5-4 所示。

图 2.5-4　块定义操作

2.5.5　插入图块

执行命令"INSERT（I）"，在弹出的"插入图块"对话框中，"名称"选择"BTL"；勾选"插入点"区里的"在屏幕上指定"；去掉"缩放"区中的"在屏幕上指定"前的"√"，将"X""Y""Z"值均设置为"1"；去掉"旋转"区中的"在屏幕上指定"前的"√"，将"角度"设为"0"。单击"插入"按钮，将"BTL"图块插入到图框的右下角，根据系统提示，将"（图名）"值改为"基本设置"，将"（文件夹名）"值改为"文件夹的具体名称"，后连续按两次"ENTER"键，操作如图 2.5-5 所示。

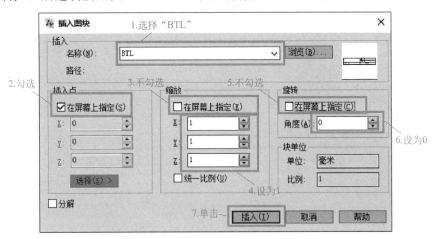

图 2.5-5　插入块操作

任务 2.6 保存样板文件

2.6-1
保存样板
文件

　　选择"文件"菜单下的"另存为"，弹出"图形另存为"对话框，在"文件类型"下拉菜单中选择"图形样板（＊.dwt）"，更改文件名为"TASK01"，最后选择保存位置，单击"保存"按钮，样板文件保存完成，操作如图 2.6-1 所示。

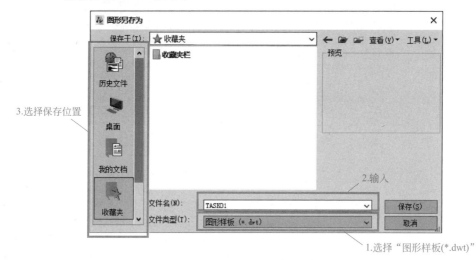

图 2.6-1　保存样板文件

项目3

三面投影图的绘制

Chapter 03

教学目标

1. 知识目标

（1）理解三面正投影的形成原理，并掌握三面正投影的作图方法；

（2）掌握组合体的组合方式和投影规律；

（3）理解坡屋面的构造形式和投影特性；

（4）掌握正等轴测图的形成和绘图步骤；

（5）掌握 CAD 软件绘图命令。

2. 能力目标

（1）掌握三面正投影图的分析方法，能准确画出中等难度及以上组合体的三面投影；

（2）熟练坡屋面的"识读绘"能力；

（3）熟练 CAD 软件操作能力。

3. 思政目标

（1）培养学生认真负责的工作态度和严谨细致的工作作风；

（2）培养学生良好的科学精神。

思维导图

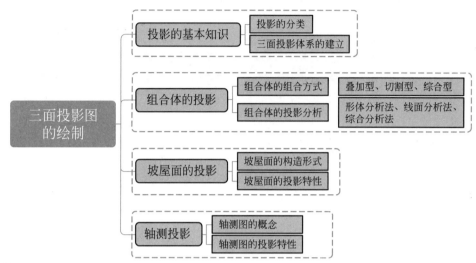

引言

　　工程图样的基本要求是能在一个平面上准确地表达形体的几何形状和大小。建筑工程中所使用的图样是根据投影的方法绘制的。投影原理和投影方法是绘制投影图的基础，掌握了投影原理和投影方法，是绘制和识读各种工程图样的基础。

任务 3.1　投影的基本知识

3.1.1　投影的分类

投影一般分为中心投影和平行投影两大类。

1. 中心投影

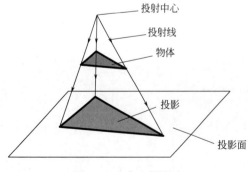

图 3.1-1　中心投影法

　　投射线都是由投射中心发出的，这种投影方法称为中心投影法。由此得到的投影图称为中心投影图，如图 3.1-1 所示。

　　2. 平行投影

　　投射中心距投影面为无限远时，所有投射线成为平行线，这种投影方法称为平行投影法。由此得到的投影图称为平行投影图。平行投影图又分为平行斜投影和平行正投影（简称正投影），如图 3.1-2 所示。

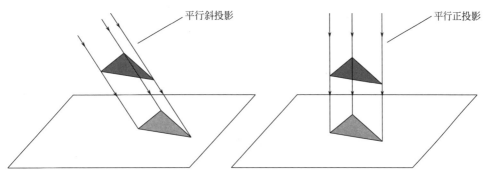

图 3.1-2　平行投影法

3.1.2　三面投影体系的建立

1. 三视图的形成

点、线、面、体等几何元素在三面的投影（V、H、W）体系中的投影，称为三面投影。按照正投影法绘制出物体的投影图，又称为视图。为了得到能反映物体真实形状和大小的视图，将物体适当地放置在三面投影体系中，分别向正立投影面（V 面）、水平投影面（H 面）、侧立投影面（W 面）进行投影。在 V 面上得到的投影称为正面投影；在 H 面上得到的投影称为水平投影；在 W 面上得到的投影称为侧面投影。如图 3.1-3 所示。

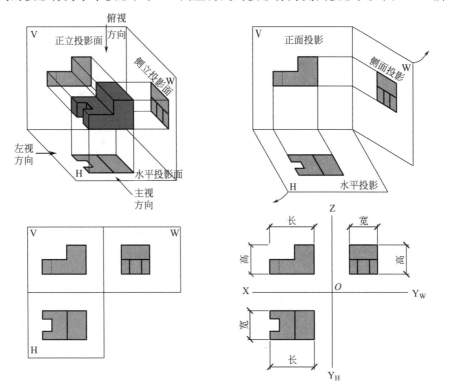

图 3.1-3　三视图的形成

2. 三视图的投影规律

（1）方位关系

任何形体都有前后、上下、左右六个方位。而每个视图只能反映其四个方位的情况，即：V 面投影图反映形体上、下和左、右的情况；H 面投影图反映形体前、后和左、右的情况；W 面投影图反映形体上、下和前、后的情况，如图 3.1-4 所示。

（2）三等关系

明确形体的正面后，把其左右方向的尺寸称为长度，前后方向的尺寸称为宽度，上下方向的尺寸称为高度。归纳上述三视图的三等关系是：正面投影与水平投影长度对正，正面投影与侧面投影高度平齐，水平投影与侧面投影宽度相等。简称为三视图的关系是"长对正，高平齐，宽相等"关系，如图 3.1-5 所示。

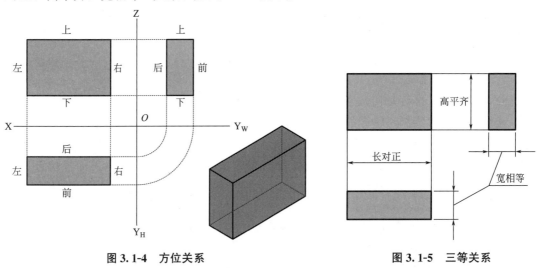

图 3.1-4　方位关系　　　　　　　　　　图 3.1-5　三等关系

任务 3.2　组合体的投影图

3.2.1　组合体的组合方式

1. 叠加型

由两个或两个以上的基本几何体叠加而成的叠加型组合体，简称叠加体。

2. 切割型

由一个或多个切平面对简单基本几何体进行切割，使之变为较复杂的形体，是组合体的另一种组合形式。

3. 综合型

叠加和切割是形成组合体的两种基本形式。在许多情况下，叠加式与切割式并无严格的界限，往往是同一物体既有叠加又有切割，如图 3.2-1 所示。

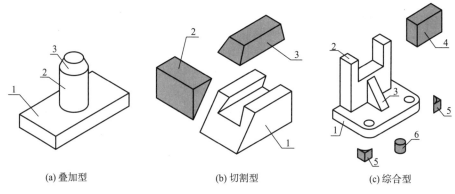

(a) 叠加型　　　　　　　　　(b) 切割型　　　　　　　　(c) 综合型

图 3.2-1　组合体的组合方式

3.2.2　组合体的投影分析

1. 形体分析法

此法多用于叠加型或切割型组合体。根据组合体的形状，将其分解成若干部分，弄清各部分的形状和它们的相对位置和组合方式，分别画出各部分的投影。

2. 线面分析法

此法一般用于不规则的组合体和切割型组合体。视图上的一个封闭线框，一般情况下代表一个面的投影，不同线框之间的关系，反映了物体各表面的形状和相互位置关系。

3. 综合分析法

常见的组合体大多是综合式组合体，既有叠加又有切割。对于复杂形体，应将以上两种方法互相联系、互为补充，结合起来灵活运用，以形体分析法为主，以线面分析法为辅。

3.2.3　实例分析

1. 实例一：已知三视图中的正面投影和侧面投影，补绘水平投影，如图 3.2-2 所示。

3.2-1
识读三视图

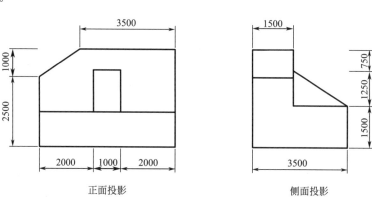

正面投影　　　　　　　　　　　侧面投影

图 3.2-2　补绘水平投影

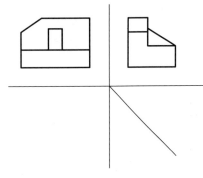

图 3.2-3　绘制投影轴

绘图步骤：

（1）根据已知条件，利用三面投影的规律，初步想象形体的空间形状。

根据正面投影与侧面投影之间的投影规律"高平齐""一个封闭线框，一般情况下代表一个面"等，确定形体为三部分叠加所成，为叠加型。

（2）使用"构造线"命令绘制出水平和垂直十字交线，作为投影轴。并使用"射线"命令，绘制45°斜线。

（3）根据原图所标注的尺寸，在相应的投影面绘制出正面投影图和侧面投影图，如图 3.2-3 所示。

（4）根据投影关系，由"长对正和宽相等"的投影规律，使用"直线"命令作线段，分别在水平投影面补绘出三个组成部分的水平投影图，如图 3.2-4 所示。

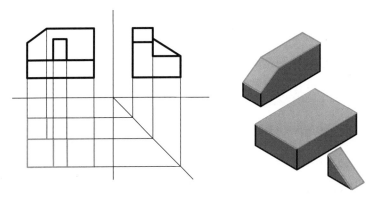

图 3.2-4　补绘水平投影相应线条

（5）整理多余辅助线并完成图形（注意：水平投影可能不唯一，立体图可随之变化），如图 3.2-5 所示。

3.2-2
补绘水平
投影

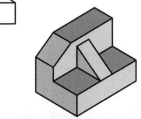

图 3.2-5　整理并完成图形

2. 实例二：已知三视图中的正面投影和水平投影（图 3.2-6），补绘侧面投影。

绘图步骤：

（1）根据已知条件，利用三面投影的规律，初步想象形体的空间形状。

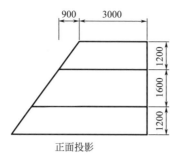

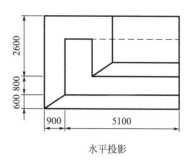

正面投影　　　　　　　　　　　水平投影

图 3.2-6　补绘侧面投影

根据正面投影与水平投影之间的投影规律（"长对正""一个封闭线框，一般情况下代表一个面"等），水平投影图除了一个实线外框，内部有很多面与面相交所形成的交线，以及虚线（不可见轮廓线），说明形体外部和内部被切割掉一些体块，判断形体为切割型。

（2）根据已知两个视图的轮廓线，可以初步分析出在没有切割前，形体为长方体，因此根据"长对正，宽相等"的投影规律，补绘出长方体的水平投影。如图 3.2-7 所示。

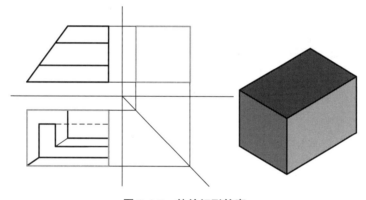

图 3.2-7　补绘矩形轮廓

（3）根据正面投影的类似性，找出已知图形中的类似性，确定侧垂面，补绘侧面投影中的斜线。

（4）根据水平投影虚线的轮廓及位置，结合正面投影的线框，分别补绘出侧面投影图的相应线条。如图 3.2-8 所示。

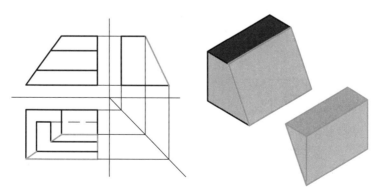

图 3.2-8　作图过程（一）

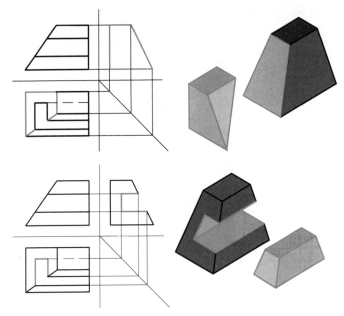

图 3.2-8　作图过程（二）

（5）整理多余辅助线并完成图形，如图 3.2-9 所示。

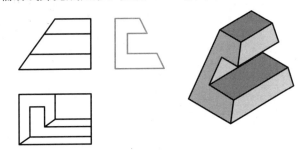

3.2-3
补绘侧面
投影

图 3.2-9　整理并完成图形

3. 实例三：已知三视图中的水平投影和侧面投影，补绘正面投影，如图 3.2-10 所示。

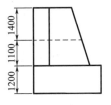

侧面投影

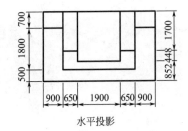

水平投影

图 3.2-10　补绘正面投影

绘图步骤：

（1）根据已知条件，利用三面投影的规律，初步想象形体的空间形状。

根据水平投影与侧面投影之间的投影规律，确定形体为左右对称，并且部分叠加，部分切割，为综合型。补绘出侧面投影的矩形轮廓，如图 3.2-11 所示。

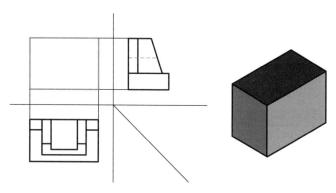

图 3.2-11　补绘矩形轮廓

（2）根据侧面投影，结合水平投影的线框，补绘出正面投影的相应线条，如图 3.2-12 所示。

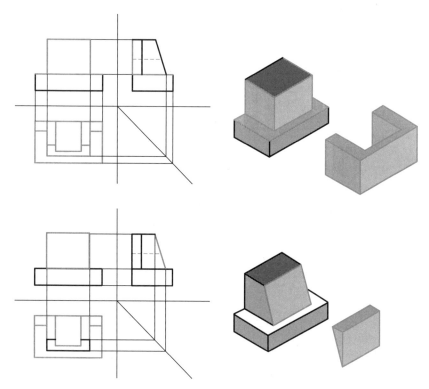

图 3.2-12　作图过程（一）

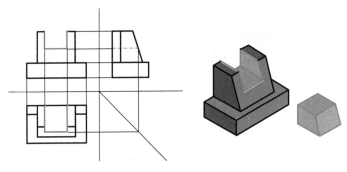

图 3.2-12　作图过程（二）

（3）加上左右两个形体的投影线，整理并完成图形，如图 3.2-13 所示。

3.2-4
补绘正面
投影

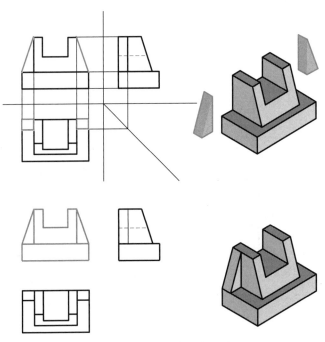

图 3.2-13　整理并完成图形

需要指出的是，以上三个实例是轴测图的基本操作，读者在练习过程中，可以根据个人需要，要考虑形态变化，适当增加曲面立体的练习，以提高实例的难度。

任务 3.3　坡屋面的投影图

3.3.1　坡屋面的构造形式

在房屋建筑中，坡屋面是常见的一种斜面体屋顶形式。其造型由檐口高度、坡面数量和各个坡面的水平倾角来决定。

　　屋面各坡面的交线，可以看作是由平面立体相交而成，交线分为屋脊线、斜脊线或天沟线，如图 3.3-1（a）所示。

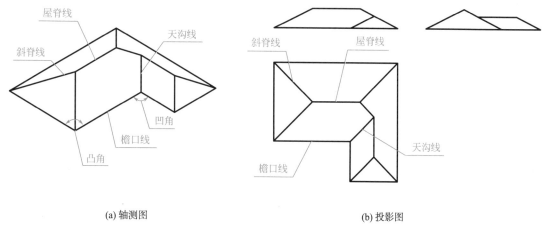

(a) 轴测图　　　　　　　　　　　　　　　　　　　(b) 投影图

图 3.3-1　坡屋面的构造形式及投影规律

3.3.2　坡屋面的投影特性

　　（1）与檐口线平行的两个坡面相交，其交线为屋脊线，其水平投影为两檐口线等距离的平行线。

　　（2）相邻两坡面相交，其交线为斜脊线或天沟线。当屋面夹角为凸角时，交线为斜脊线；夹角为凹角时，交线为天沟线。

　　（3）屋面水平投影上，只要有两条脊线相交于一点，必然会有第三条脊线通过该交点。

　　（4）在同坡度屋面水平投影三交线中，必有一条水平的屋脊线和两条倾斜的斜脊线或一条斜脊线和一条天沟线，如图 3.3-1（b）所示。

3.3.3　实例分析

1. 实例

　　（1）已知不等坡屋面水平投影轮廓、尺寸和坡度。如图 3.3-2 所示。

　　（2）完成该屋面的三面投影（含虚线）。

　　（3）无需标注尺寸。

2. 绘图步骤

　　（1）根据已知条件，利用坡屋面投影的规律，确定小屋面的数量，如图 3.3-3 所示。

　　（2）根据已知尺寸，使用"直线（L）"命令，绘制出檐口线。注意：此处绘制时应在图层中设置线宽。

　　（3）使用"偏移（D）"命令，将任意相邻檐口线向内偏移，两个方向的偏移距离要

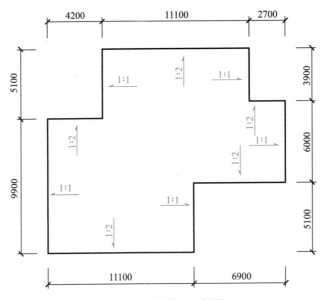

图 3.3-2　补绘三面投影

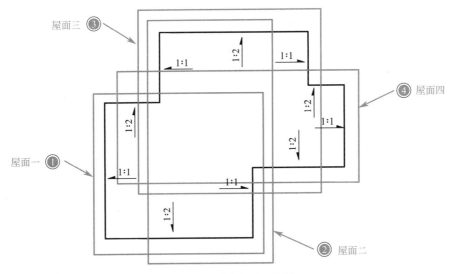

图 3.3-3　确定小屋面数量

满足"1∶2"的比例，以此来确定斜脊线和天沟线在水平投影中的倾斜角度，如图 3.3-4（a）所示。

（4）使用"镜像（MI）"和"复制（CO）"命令，补绘出所有转角处的斜脊线和天沟线，如图 3.3-4（b）所示。

（5）根据坡屋面投影特性中所提到"屋脊线水平投影为两檐口线等距离的平行线"，补绘出四个小屋面屋脊线的位置，如图 3.3-5 所示。

（6）根据坡屋面投影特性中第三条和第四条所讲述的原理，使用"倒角（CHA）"命令，将图中所有的脊线和天沟线进行连接，如图 3.3-6（a）所示。

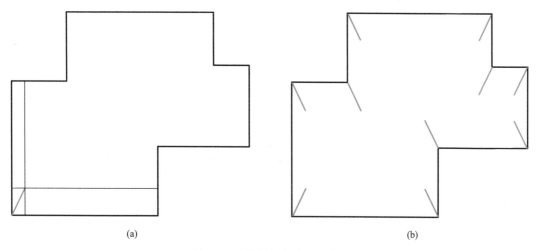

(a)　　　　　　　　　　　　　　　　　　(b)

图 3. 3-4　补绘斜脊线和天沟线

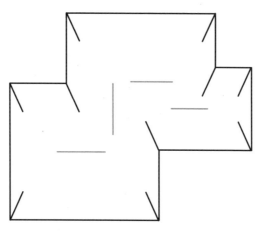

图 3. 3-5　补绘屋脊线

（7）使用"修剪（TR）"命令，剪掉图中多余的线条，整理并完成坡屋面水平投影的绘制，如图 3.3-6（b）所示。

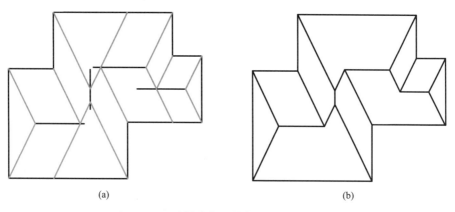

(a)　　　　　　　　　　　　　　　　　　(b)

图 3. 3-6　连接脊线，并整理完成水平投影

（8）根据水平投影和正面投影的投影规律"长对正"，使用"射线（XL）"命令，确定檐口线和屋脊线在正面投影中的位置，如图 3.3-7 所示。

（9）根据已知坡度，在各个小屋面檐口线起始位置绘制坡屋面倾斜角，确定斜脊线位置，如图 3.3-8 所示。

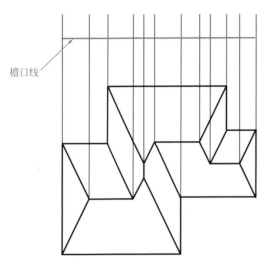

图 3.3-7　确定檐口线、屋脊线位置　　　　图 3.3-8　补绘斜脊线

（10）使用"倒角（CHA）"命令，连接相应斜脊线和屋脊线引线，并补绘屋脊线。注意：部分不可见斜脊线需改为虚线，如图 3.3-9（a）所示。

（11）删除多余辅助线，并完成正面投影的绘制，如图 3.3-9（b）所示。

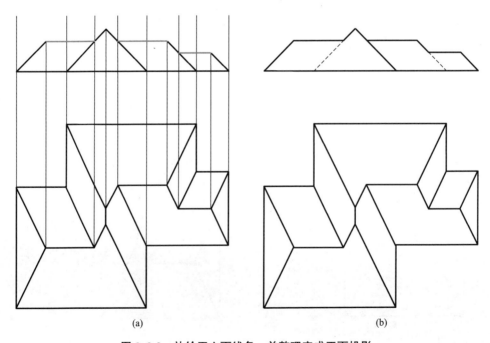

(a)　　　　　　　　　　　　　　(b)

图 3.3-9　补绘正立面线条，并整理完成正面投影

（12）根据水平投影和侧面投影的投影规律"宽相等"，补绘出坡屋面的侧面投影，其绘制方法与正面投影相同，这里不做重复讲解，如图 3.3-10 所示。

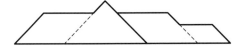

3.3-1
不等坡
屋面三面
投影

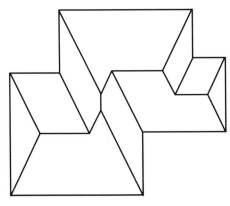

图 3.3-10　补绘侧面投影

任务 3.4　轴测投影

3.4.1　轴测图的基本知识

1. 轴测图的概念

用平行投影法将物体连同其直角坐标系，沿不平行于任一坐标平面的方向，一起投射到单一投影面上所得的投影，称为轴测图，如图 3.4-1 所示。

2. 轴测图投影特性

（1）平行性：两线段平行，它们的轴测投影也平行。

（2）定比性：平行于坐标轴的线段其轴测投影长度与原长度之比等于轴向伸缩系数。

3.4.2　轴测图的作图步骤

（1）作轴测投影之前，首先应通过形体的三面正投影初步想象形体的空间形状。

（2）打开"草图设置"，在"捕捉和栅格"对话框中将捕捉类型设置为等轴测捕捉，如图 3.4-2 所示。

（3）在形体的三面投影中，选择最能体现形体形状的视图，在相应的投影面绘制出轮

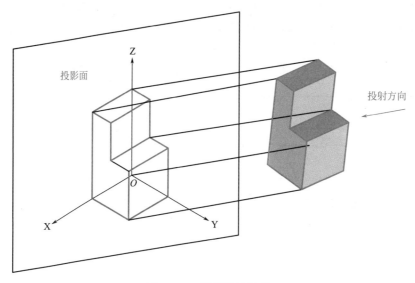

图 3.4-1　轴测图的形成

图 3.4-2　捕捉类型设置

廓线，绘制期间可以使用"F5"键切换坐标轴的方向。

（4）根据"平行性"，参照其他两个视图，补绘出形体的空间线条。

（5）删除被遮挡的线条和辅助线，完成轴测图。

3.4.3　实例分析

1. 实例

已知组合体的三面投影，作该组合体的正等轴测图，如图 3.4-3 所示。

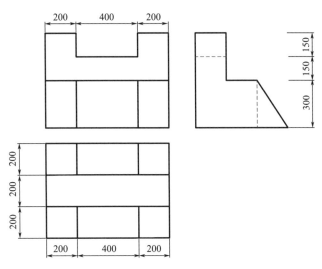

图 3.4-3　作正等轴测图

2. 绘图步骤

（1）根据形体的三面投影，初步想象形体的空间形状。

（2）通过观察，判断形体为切割型组合体，且沿长度方向对称。故选择侧面投影为形体基础轮廓线，绘制在侧立投影面中，如图 3.4-4 所示。

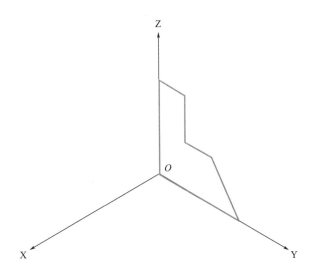

图 3.4-4　绘制基础轮廓线

（3）使用"复制（CO）"命令，沿 X 轴方向复制已绘制好的基础轮廓线，复制距离为形体的长度 200mm＋400mm＋200mm＝800mm。

（4）根据空间平行线的轴测投影仍平行的特性，连接所有的平行线，得到轴测图初步轮廓，如图 3.4-5 所示。

（5）绘制出形体中两处被切割的洞口轮廓线，如图 3.4-6 所示。

（6）删除被遮挡的线条和辅助线，完成轴测图，如图 3.4-7 所示。

3.4-1
绘制轴测图

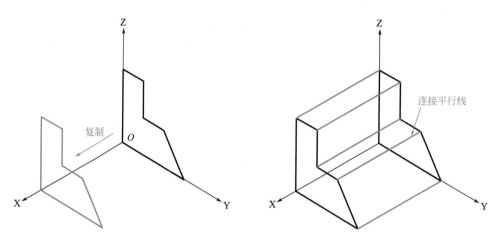

图 3.4-5　连接平行线

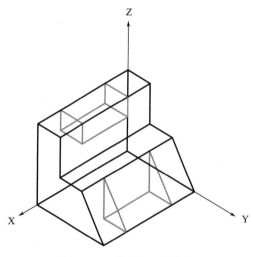

图 3.4-6　绘制洞口轮廓线

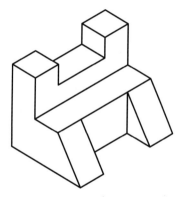

图 3.4-7　整理并完成图形

基础训练

　　1. 依据组合体的投影绘图要求，已知三视图中的正面投影和侧面投影（图 3.4-8），
补绘水平投影。

3.4-2
基础训练一

3.4-3
基础训练一
参考答案

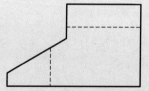

图 3.4-8　补绘水平投影

2. 依据轴测投影的绘图要求，已知物体三面投影（图 3.4-9），绘制该物体的轴测图。

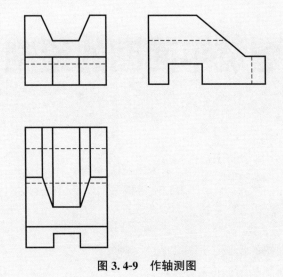

3.4-4
基础训练二

3.4-5
基础训练二
参考答案

图 3.4-9 作轴测图

进阶训练

依据 2021 年全国职业院校技能大赛（中职组）建筑 CAD 赛项模块二："建筑施工图绘制"赛卷任务书要求，完成任务二屋面投影的绘制。

3.4-6
进阶训练

3.4-7
进阶训练
参考答案

建筑平面图的绘制

教学目标

1. 知识目标
(1) 理解建筑平面图的形成、用途和图示内容；
(2) 熟悉建筑平面图制图标准；
(3) 掌握 CAD 软件绘图命令。

2. 能力目标
(1) 熟练的建筑平面图识读能力；
(2) 熟练的 CAD 软件绘制平面图的能力。

3. 思政目标
(1) 培养具有良好建筑平面图绘制的职业规范意识；
(2) 培养建筑平面图绘制的工程思维。

思维导图

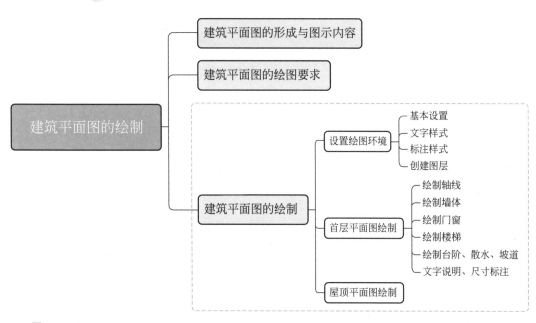

引言

　　建筑工程图是将拟建的房屋按照设计的要求及国家制图标准的规定，用正投影的方法，详细、准确地将房屋的造型和构造等准确地表达在平面上的图样，同时标明工程所用的材料以及生产、安装等的要求，是建造房屋的依据。

　　建筑工程图反映了建筑物的内部布置情况、外部形状，以及装修、构造、施工要求等内容。一套完整的建筑工程图应包括建筑施工图、结构施工图、设备施工图，在绘制时一般是先绘制建筑施工图，其他各专业人员以建筑施工图为依据进行专业设计。

　　建筑施工图包括总平面图、建筑平面图、建筑立面图、建筑剖面图及建筑详图。建筑平面图清晰地反映出建筑物的功能、平面布局及其平面的构成关系，是决定建筑立面、剖面及内部结构的关键，也是工程施工及施工现场布置的重要依据。

任务 4.1　建筑平面图的形成与图示内容

4.1.1　建筑平面图的形成和绘图流程

　　建筑平面图（简称平面图）是假想用一个水平的剖切平面，沿房屋各层门窗洞口处将房屋切开，移去剖切平面以上部分，将剩余部分向下投射所作的水平剖视图，如图 4.1-1 所示。

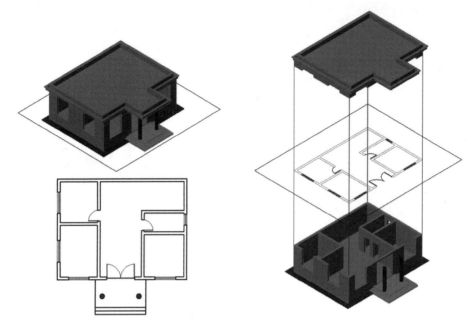

图 4.1-1　建筑平面图的形成

建筑平面图反映了建筑物的平面形状、大小，房间的布置，墙或柱的位置，材料和厚度，门窗的位置与尺寸，以及其他建筑构配件设置情况。其可作为施工放线、墙体砌筑、安装门窗、预留孔洞、室内外装修及编制工程量清单的重要依据。

建筑平面图的绘图流程一般可概括为：绘图环境设置→绘制轴线→绘制墙柱→绘制门窗→绘制楼梯→绘制其他构配件→绘制建筑符号→注写文字→尺寸标注→调正图文→保存。

4.1.2　建筑平面图的图示内容

1. 图名、比例和图例

一般情况下，多层建筑的平面图包括不同楼层的建筑平面图，图名一般是按其所表明层数来称呼，如底层平面图、二层平面图、顶层平面图等。对于楼层布置相同或基本相同的楼层，可共用一个标注层平面图来表达，否则每一楼层均需绘制平面图。除此之外还有地下室平面图、屋顶平面图等。

建筑平面图的常用比例为 1：100、1：200，有时根据需要也可采用 1：150、1：300 等比例。

建筑平面图的常用图例可参见《建筑结构制图标准》GB/T 50105—2010（具体见：3 图例）。

2. 定位轴线

建筑工程图中的定位轴线是设计和施工中定位、放线的重要依据。凡承重构件如墙、柱、梁等位置都要画上定位轴线并对其进行编号，以确定其位置。对于非承重墙及次要承重构件，有时需要用附加定位轴线表示其位置。

定位轴线应用细单点长画线绘制，轴线端部用细实线绘制直径为 8～10mm 的圆并加以编号，定位轴线圆的圆心应在定位轴线的延长线或延长线的折线上。建筑平面图中定位轴线的编号确定后，其他各种图样中的轴线编号应与之相符。

其他相关制图规范参见《房屋建筑制图统一标准》GB/T 50001—2017（具体见：8 定位轴线）。

3. 尺寸标注

建筑平面图中的尺寸标注有外部尺寸和内部尺寸两种。

外部尺寸要标注三道，靠墙第一道为细部尺寸，标注门窗洞及洞间墙的尺寸；中间一道为轴线尺寸，即定位尺寸，标注房间的开间与进深尺寸；最外一道是外包总尺寸，标注建筑物的总长和总宽。

内部尺寸一般标注室内门窗洞口、墙厚、柱、门垛等尺寸，以及墙、柱与轴线间的尺寸等。此外，对室外的台阶、散水等处可另外标注局部尺寸。

其他相关制图规范参见《房屋建筑制图统一标准》GB/T 50001—2017（具体见：11 尺寸标注）。

4. 标高

在建筑平面图中，对建筑物的各个组成部分，如楼地面、楼梯平台、室外台阶、卫生间、阳台等，由于它们的竖向高度不同，应分别标注标高。建筑平面图中的标高一般都是相对标高，以本建筑物的底层室内地面作为标高的基准面（即零点标高±0.000）。在不同标高的地面分界处，应画出分界线，底层地面还应标注室外地面标高。

其他相关制图规范参见《房屋建筑制图统一标准》GB/T 50001—2017（具体见：11.8 标高）。

5. 门窗位置及编号

在建筑平面图中，被剖到的门、窗用图例表示，并在图例旁边注写其代号和编号。国家标准中规定门的名称代号用 M 表示，窗的名称代号用 C 表示，并加以编号，如 M-1、M-2、C-1、C-2 等。同一编号表示同一种类型的门或窗，一般每个工程的门窗规格、型号、数量和所选用的标准图集，都有门窗表进行说明。

6. 其他标注

在建筑平面中宜注写房间的名称和编号。在底层平面图（标高±0.000）上应画出指北针，指明建筑物的朝向，指北针所指的方向应与总平面图的方向一致。当平面图上某一部分或某一构件另有详图或引用标准图集来表达时，需用索引符号在图上标明。此外，在底层平面图上应标注有剖切符号，以表示建筑剖面图的剖切位置、剖视方向和编号。

指北针、索引符号及剖切符号等相关制图规范参见《房屋建筑制图统一标准》GB/T 50001—2017（具体见：7 符号）。

7. 局部平面图和详图

在建筑平面图中，如果某些局部平面因设备多或因内部组合复杂、比例小而表达不清楚时，可用较大比例的局部平面图或详图来表达，如卫生间详图。

相关制图规范参见《房屋建筑制图统一标准》GB/T 50001—2017（具体见：7 符号）。

8. 屋顶平面图

屋顶平面图与楼层平面图不同，它不是剖面图，是直接从屋顶上方向下投影所得，并只保留屋面部分投影。它主要表示了屋面的排水情况（排水坡度、排水分区、泛水、檐沟等），以及屋面处的水箱、出入口、女儿墙、变形缝等设施的布置和尺寸。

由于屋顶平面图比较简单，绘制时可采用与其他楼层平面图相同的比例，也可以采用较小比例绘制。

除上述图示内容外，建筑平面图还能表示楼梯的数量和布置情况，室内楼地面、墙面、隔断等的材料做法，以及建筑物内的各种设备（如卫生设备等）的配置和位置情况。

任务 4.2 建筑平面图的绘图要求

4.2.1 建筑平面图线宽要求

在建筑平面图中，凡被剖到的墙、柱等断面轮廓线用粗实线（b）绘制，断面材料图例可用简化画法（如：钢筋混凝土柱可涂黑）；没有剖切到，但投影时仍能见到的可见轮廓线，如窗台、楼梯、台阶等用中实线（$0.5b$）绘制；其余的如尺寸线、尺寸界线、索引符号、标高符号、图例线、轴线等用细实线（$0.25b$）绘制；如需要表示在剖切位置以上不可见的构件，如高窗、通气孔、槽、地沟及起重机等，则应以虚线绘制。

在大于 1∶50 比例的平面图上应画出抹灰层的层面线（用细实线绘制），而小于 1∶50 比例的平面图则无需画出。

相关制图规范参见《建筑结构制图标准》GB/T 50105—2010（具体见：2.1 图线）。

4.2.2 建筑平面图绘图要求

1. 绘图环境设置

（1）绘图环境设置主要包括：创建图层及其线型、文字样式、尺寸样式等。

（2）图层至少包括：轴线、墙体、门窗、楼梯踏步、散水坡道、标注、文字、填充等。图层颜色自定，图层线型和线宽应符合建筑制图国家标准要求。

2. 模型空间 1∶1 绘图

模型空间 1∶1 绘制建筑平面图，要求正确规范绘图。可基于本教材项目 2 创建的样板文件，建立建筑平面图文件，并按需修改。

相关绘图要求可参考 2021 年全国职业院校技能大赛（中职组）建筑 CAD 赛项正式赛卷模块二的任务六（抄绘、改错、补绘建筑施工图）。

4.2-1
2021年大赛
正式赛卷
（模块二）

任务 4.3　建筑平面图的绘制

4.3.1　设置绘图环境

1. 基本设置

首先以"无样本文件打开—公制"的方式新建文件，然后对图形界线、图形单位、各种辅助工具（如配色方案、自动保存时间、十字光标大小、拾取框大小）等进行设置，具体操作方法可参见本教材项目 1。

2. 创建文字样式、标注样式

可参见本教材项目 2 对文字样式和标注样式进行设置，也可直接调用本教材项目 2 创建的样板文件建立新图形文件，并按需修改。

4.3-1
创建图层

3. 创建图层

根据一层平面图，建立图层及其属性（图 4.3-1）。本案例线宽组选用：0.7、0.5、0.35、0.18。

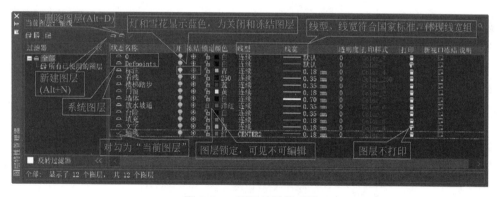

图 4.3-1　图层特性管理器

4.3.2　首层平面图绘制

首层平面图主要表示建筑物首层平面形状，室内平面布置情况，出入口、楼梯、过道的布置，墙、柱等承重构件的布置，门、窗洞口的布置，室内外标高，另外还反映室外可见的台阶、明沟、散水、花池等构配件的布置。

4.3-2
2016年大赛
公开题库
（第七套
任务三附图）

首层平面图是房屋建筑工程图样中必不可少的部分，而掌握了首层平面图的绘制也就基本掌握了标准层平面图等的绘制，所以首层平面图的绘制非常重要。

下面以实例来介绍规范、准确地绘制首层平面图的方法与技巧。具体任务是：模型空间 1∶1 正确规范绘制某住宅楼一层平面图，如图 4.3-2 所示。

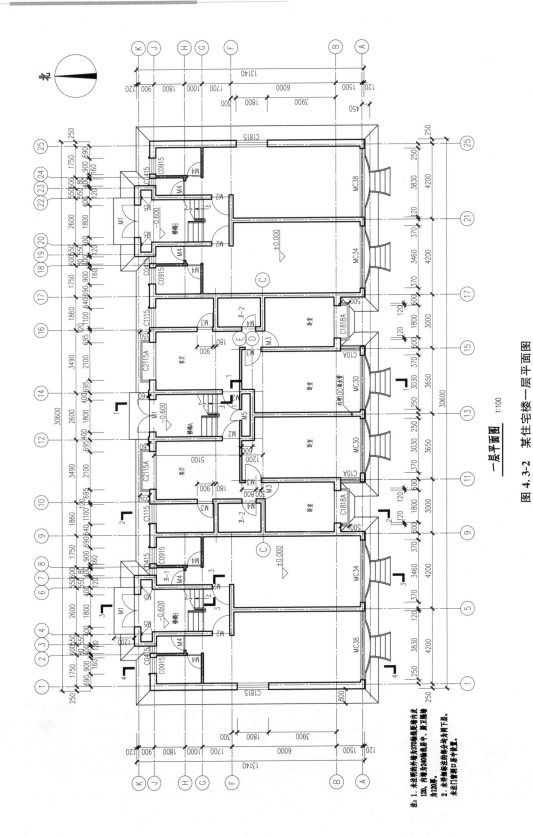

一层平面图

图 4.3-2　某住宅楼一层平面图

具体绘图步骤如下：

1. 绘制轴线

将"轴线"图层置为当前，用"直线（L）"命令绘制水平长 38500 和竖向长 24000 的两条基准轴线（通常绘制长度为建筑物外包总尺寸加外部尺寸线间距并适当延长）。并利用"偏移（O）"、"修剪（TR）"等命令对轴线进行绘制和编辑。

选中全部轴线（快捷键 Ctrl＋A），使用快捷键＜MO/Ctrl＋1＞打开"特性"对话框，对线型比例进行调整，显示轴线为点划线，本案例此处调整为 50，绘制效果如图 4.3-3 所示。

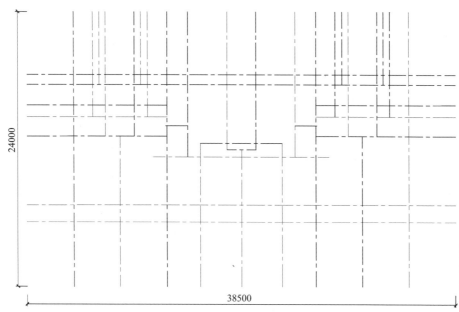

4.3-3
绘制轴线

图 4.3-3 绘制轴线

> **小提示**
>
> 由于本图左右对称，可先绘制好左侧部分后，利用镜像（MIRROR｜快捷键 MI）命令生成右侧部分。

2. 绘制墙体

将"墙体"图层置为当前，用"多线样式（MLST）"命令，创建两个多线样式，分别命名为"370"和"240"，如图 4.3-4 所示。

将多线样式"370"设为当前，用"多线（ML）"命令绘制左侧 370 墙体，绘图方法如下：

```
命令：ML
MLINE
```

当前设置：对正 = 上，比例 = 20.0000，样式 = 370

指定起点或[对正(J)/比例(S)/样式(ST)]：J

输入对正类型[上(T)/无(Z)/下(B)]＜上＞：Z

当前设置：对正 = 无，比例 = 20.0000，样式 = 370

指定起点或[对正(J)/比例(S)/样式(ST)]：S

输入多线比例＜20.0000＞：1

当前设置：对正 = 无，比例 = 1，样式 = 370

指定起点或[对正(J)/比例(S)/样式(ST)]：

图 4.3-4　创建多线样式【370】和【240】

根据提示从起点位置顺时针绘制 370 外墙，其中蓝色圆圈内为直接捕捉到的交点，其余墙体端点需要利用极轴追踪（快捷键 F10）功能或直接拉伸墙体以留出门窗洞口位置，如【1】段墙体可直接捕捉①轴与Ⓑ轴交点并拉伸 3900，【2】段墙体起点可对【1】段墙体终点启用极轴追踪，追踪长度 1800。左侧 370 墙体绘制方法及效果如图 4.3-5 所示。

370 墙体绘制完成后，重新激活多线命令，将多线样式修改为"240"，绘制左侧全部 240 墙体，绘制效果如图 4.3-6 所示。

240 墙体绘制完成后，重新激活多线命令，将多线比例修改为 0.5，绘制左侧全部 120 墙体，绘制效果如图 4.3-7 所示。

3. 编辑墙体

双击任意多线，打开"多线编辑工具"对话框，用"角点结合""T 形打开"和"十字打开"工具对墙体进行编辑，如图 4.3-8 所示。在使用"T 形打开"工具时，应先点击"T 形"的竖，再点击"T 形"的横，墙体编辑完成后用"直线（L）"或"多段线（PL）"命令绘制外墙装饰线条，最终效果如图 4.3-9 所示。

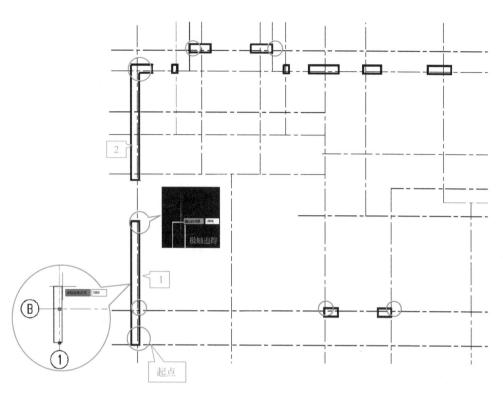

图 4.3-5　绘制左侧 370 墙体

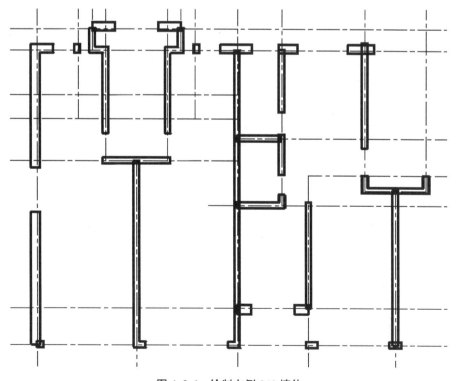

图 4.3-6　绘制左侧 240 墙体

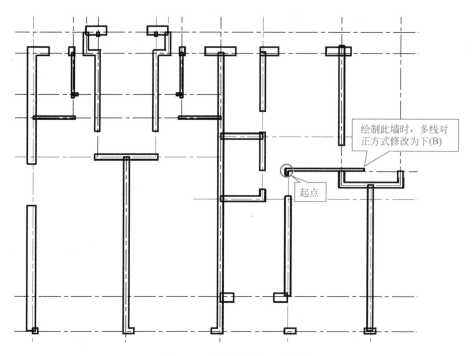

图 4.3-7　绘制左侧 120 墙体

图 4.3-8　绘制多线编辑工具

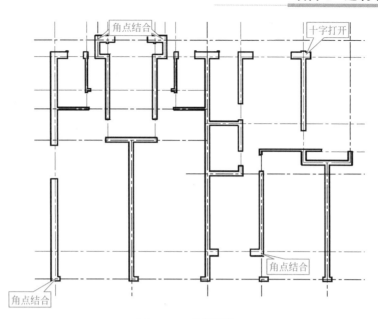

图 4.3-9　编辑墙体

小提示

① 绘制墙体时门窗洞口位置可先不截断，以多线代替，待墙体绘制完成后，用"直线（L）"命令确定门窗洞边界，用"修剪（TR）"命令对墙线进行编辑，绘制方法及效果如图 4.3-10 所示。

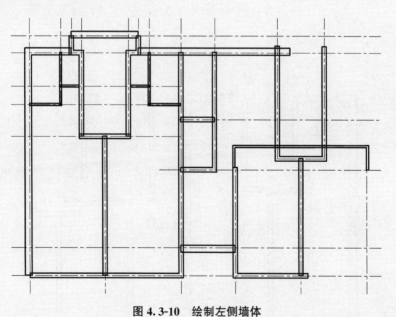

图 4.3-10　绘制左侧墙体

② 本图中的轴①至轴⑨左右对称，可先绘制好左侧部分墙体，镜像后生成右侧部分墙体（轴⑤墙体除外），以此提高绘图效率。

4.3-4
绘制墙体

4. 绘制门窗

（1）绘制窗

将"门窗"图层置为当前，用"多线样式（MLST）"命令，创建多线样式，命名为"C"，如图 4.3-11 所示。

图 4.3-11　创建多线样式"C"

将多线样式"C"设为当前，激活"多线（ML）"命令，将多线比例修改为"370"，绘制左侧 370 外墙窗，绘制完成后再次激活多线命令，将多线比例修改为"240"，绘制左侧 240 外墙窗，其中 C1818A 和 C2115A 可先用"多段线（PL）"绘制窗内侧边框，再使用"偏移（O）"命令，依次向外偏移 60，绘制方法及效果如图 4.3-12 所示。

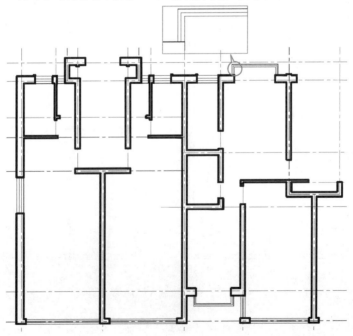

图 4.3-12　绘制窗

　　窗的绘制除采用多线命令外，还可以利用"定数等分（DIV）"命令和"复制（CO）"命令进行绘制，需要注意的是采用此方法时需先将墙体"分解（X）"为单个对象，绘制方法及效果如图 4.3-13 所示。

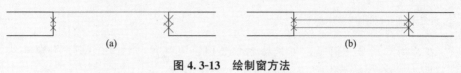

图 4.3-13　绘制窗方法

（a）将墙边线进行定数等分（分段数 3）并绘制直线；（b）对直线进行复制

（2）绘制门

　　将"门窗"图层置为当前，用"直线（L）"和"画弧（A）"命令绘制单扇平开门，以⑥轴 M2 为例，绘制方法及效果如图 4.3-14 所示。

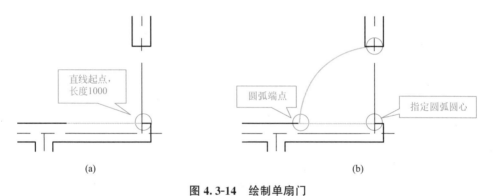

图 4.3-14　绘制单扇门

（a）绘制直线；（b）绘制圆弧（逆时针方向绘制）

　　① 在绘制图中 M5 时，可先绘制 45°直线后再画弧，绘制方法同 M2，如图 4.3-15 所示。

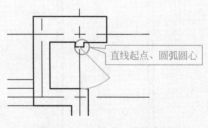

图 4.3-15　绘制 45°单扇门

命令：L

LINE

指定第一个点：

指定下一点或 [角度(A)/长度(L)/放弃(U)]：A

指定角度：- 45

指定长度：600

② 在绘制双扇平开门时，可先绘制单扇门，再利用"镜像（MI）"命令生成双扇门，以 M1 为例，绘制方法及效果如图 4.3-16 所示。

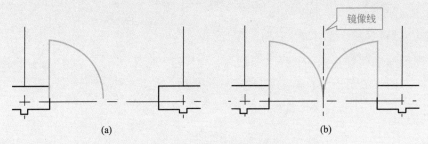

图 4.3-16　绘制双扇门

（a）绘制左侧单扇门；（b）镜像生成右侧门

③ 卫生间、厨房和阳台等有水房间地面标高较低，需要在门口绘制可视高差线（高差线绘制于靠卫生间、厨房侧），最终绘制效果如图 4.3-17 所示。

4.3-5
绘制门窗

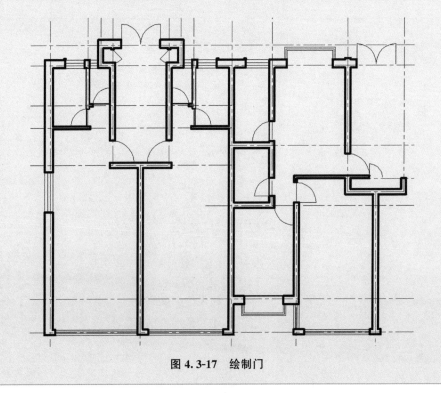

图 4.3-17　绘制门

5. 绘制楼梯（具体尺寸可参照楼梯间平面详图）

将"楼梯踏步"图层置为当前，用"直线（L）""偏移（O）""修剪（TR）"等命令绘制楼梯踏步线及楼梯扶手，以楼梯 B 为例，绘制方法及效果如图 4.3-18 所示。

将"标注"图层置为当前，用"引线（LE）"命令绘制箭头，用"折断线（BREAK-LINE）"命令绘制折断线，修剪多余线条，最终绘制效果如图 4.3-19 所示。

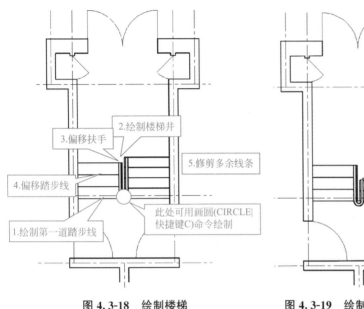

| 图 4.3-18 绘制楼梯 | 图 4.3-19 绘制箭头和折断线 |

4.3-6
绘制楼梯

6. 绘制台阶

将"台阶"图层置为当前，用"直线（L）""画圆（C）""偏移（O）""修剪（TR）""复制（CO）"等命令绘制台阶，具体尺寸如图 4.3-20 所示。

4.3-7
绘制散水
坡道

7. 绘制散水坡道

将"散水坡道"图层置为当前，用"多段线（PL）"命令沿外墙外边线描边，用"偏移（O）"命令将描边辅助线向外偏移散水宽度，偏移后删除描边辅助线，用"直线（L）"命令补全散水坡线和室外坡道并对散水进行局部编辑，绘制方法及效果如图 4.3-21 所示。

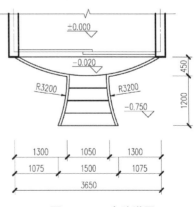

图 4.3-20 台阶详图

8. 文字说明、尺寸标注及轴线编号

（1）注写文字

将"文字"图层置为当前，用"单行文字（DT）"命令注写文字，其中汉字用文字样式【HZ】，字高为 3.5，数字和字母用文字样式【XT】，字高为 3。

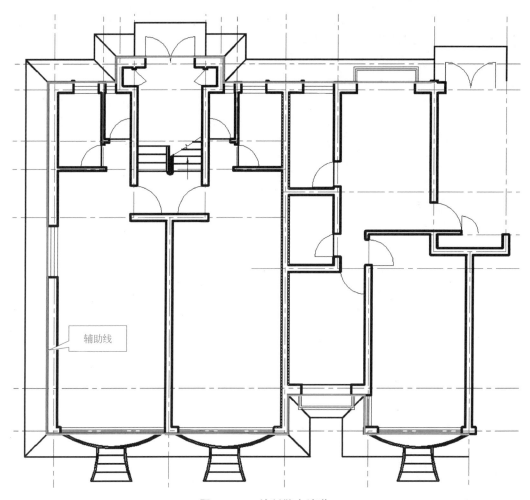

图 4.3-21　绘制散水坡道

（2）尺寸标注

4.3-8
文字输入
及尺寸
标注

将"标注"图层置为当前，调用标注样式【BZ】，用"线性标注（DLI）""连续标注（DCO）"和"基线标注（DBA）"等命令标注外部三道尺寸线，当尺寸数字与其他图线、文字重叠时，需对尺寸数字进行调整。

完成外部尺寸标注后，进行内部尺寸标注，并进行调整。

小提示

《房屋建筑制图统一标准》GB/T 50001—2017 中规定：图样轮廓线以外的尺寸界线，距图样最外轮廓之间的距离，不宜小于 10mm。因此在绘制本案例外部第一道尺寸线时应注意，距散水坡道或台阶的最外侧（本案例图样的最外轮廓）距离要符合标准要求。

（3）绘制轴线编号

将"标注"图层置为当前，用"画圆（C）"命令在轴线端部绘制直径为 8 的圆，用"单行文字（DT）"命令在圆内注写编号，绘图方法如下：

命令：DT

TEXT

当前文字样式："XT"　文字高度：2.5　注释性：否

指定文字的起点或 [对正(J)/样式(S)]：J

输入选项 [对齐(A)/布满(F)/居中(C)/中间(M)/左对齐(L)/右对齐(R)/左上(TL)/中上(TC)/右上(TR)/左中(ML)/正中(MC)/右中(MR)/左下(BL)/中下(BC)/右下(BR)]：MC

指定文字中心点：（单击圆心）

指定文字高度 <2.5>：400

指定文字的旋转角度 <0>：

小提示

① 绘制轴线编号时，可先绘制完成一个，用"复制（CO）"命令生成其他轴号，再进行编号的修改。

② 绘制轴线编号也可采用属性块的方法，有关属性块的使用可参见项目 2。

4.3-9
绘制轴线编号

③ 当轴线为连续编号时，可先在需要编号的轴线端部复制已完成的轴号，然后选中全部轴号执行快速编码功能（TCOUNT），如图 4.3-22 所示。

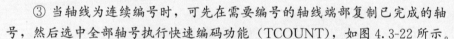

全选后执行
TCOUNT命令

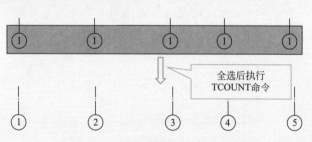

图 4.3-22　快速编码功能（TCOUNT）

命令：TCOUNT

请选择文字，多行文字或属性定义……

找到 5 个，已过滤 5 个

排序选定对象的方式[X/Y/选择的顺序(S)]<X>：X

指定起始编号和增量(起始，增量) <1, 1>：

选择在文本中放置编号的方式 [覆盖(O)/前置(P)/后置(S)/查找并替换(F)] <前置>：O

9. 其他

（1）标高符号

将"标注"图层置为当前，用"直线（L）"命令绘制高度为 3 的等腰直角三角形，注写标高，绘图方法如图 4.3-23 所示。

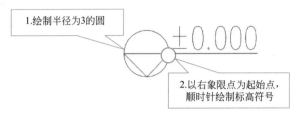

图 4.3-23　绘制标高符号

（2）剖切符号

将"标注"图层置为当前，用"直线（L）"命令绘制剖切符号，修改线宽为 b，注写编号。

> ■■ 小提示
>
> 《房屋建筑制图统一标准》GB/T 50001—2017 中规定：
> ① 剖面的剖切符号应由剖切位置线及剖视方向线组成，均应以粗实线绘制，线宽宜为 b。
> ② 剖切位置线的长度宜为 6～10mm，剖视方向线应垂直于剖切位置线，长度应短于剖切位置线，宜为 4～6mm，绘制时，剖视剖切符号不应与其他图线接触。
> ③ 需要转折的剖切位置线，应在转角的外侧加注与该符号相同的编号。

（3）指北针

将"标注"图层置为当前，用"画圆（C）"和"多段线（PL）"命令绘制指北针，绘图方法如下：

```
PLINE
指定多段线的起点或 <最后点>：
当前线宽是 0.0000
指定下一点或 [圆弧(A)/半宽(H)/长度(L)/撤销(U)/宽度(W)]：w
指定起始宽度 <0.0000>：0
指定终止宽度 <0.0000>：300
指定下一点或 [圆弧(A)/半宽(H)/长度(L)/撤销(U)/宽度(W)]：
```

> ■■ 小提示
>
> 《房屋建筑制图统一标准》GB/T 50001—2017 中规定：指北针圆的直径为 24mm，用细实线绘制；指针尾部宽度宜为 3mm，指针头部应注"北"或"N"字。

（4）图名及比例

将"文字"图层置为当前，用"单行文字（DT）"命令注写文字，其中图名用文字样式【HZ】，字高为 7，比例用文字样式【XT】，字高为 6。

> **小提示**
>
> 《房屋建筑制图统一标准》GB/T 50001—2017 中规定：比例宜注写在图名的右侧，字的基准线应取平；比例的字高宜比图名的字高小一号或二号。

10. 图形检查与调整

以⑬轴为镜像线，用"镜像（MI）"命令生成右侧部分，绘制楼梯 A 等不对称构件，绘制完成后显示线宽，检查图层有无使用错误，通过调整进一步优化图形。

> **基础训练**
>
> 模型空间 1∶1，正确规范绘制如图 4.3-24 所示某住宅楼二、三层平面图。

> **进阶训练**
>
> 模型空间 1∶1，正确规范绘制如图 4.3-25 所示某住宅楼一层平面图，并修正图纸中有误之处。

> **小提示**
>
> ① 熟悉《建筑结构制图标准》GB/T 50105—2010、《房屋建筑制图统一标准》GB/T 50001—2017 等国家制图标准，是准确、规范绘制建筑施工图的前提。
>
> ② 使用绘图命令的快捷键或自己定义的命令快捷键（ALIASEDIT｜快捷键ALI），可大幅度提高绘图速度。
>
> ③ 绘图之前要仔细观察整个图形特征，看是否可采用镜像（MIRROR｜快捷键MI）命令或其他高效绘图方式。
>
> ④ 平面图的绘制顺序和方法不是一成不变的，要根据图形特征及自己的绘图习惯作出选择，绘制时做到心中有数，避免反复修改。
>
> ⑤ 平面图中尺寸标注中的数字、箭头大小、折断线符号尺寸等于标注样式中各项值与"调整"选项卡中"全局比例"的乘积，出图比例若为 1∶100，则表示此图打印时缩小为 1/100 打印，此时"全局比例"应修改为 100。
>
> ⑥ 利用图层工具对图层进行隔离（_layiso）、关闭（_layoff）或锁定（_laylck）操作，可在图纸较为复杂时精准操作，避免出错。

4.3-10
2016年大赛
公开题库
（第七套
任务三附图）

4.3-11
2021年大赛
正式赛卷
（模块二
任务六附图）

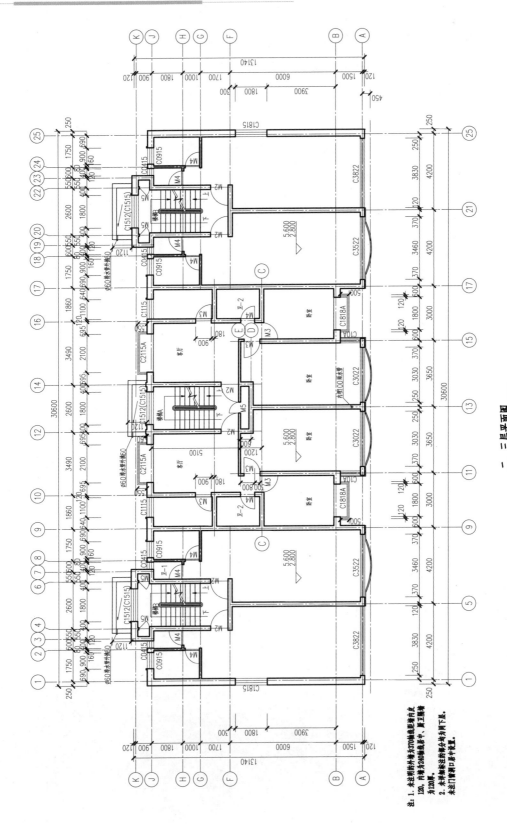

二、三层平面图 1:100

图 4.3-24 某住宅楼二、三层平面图

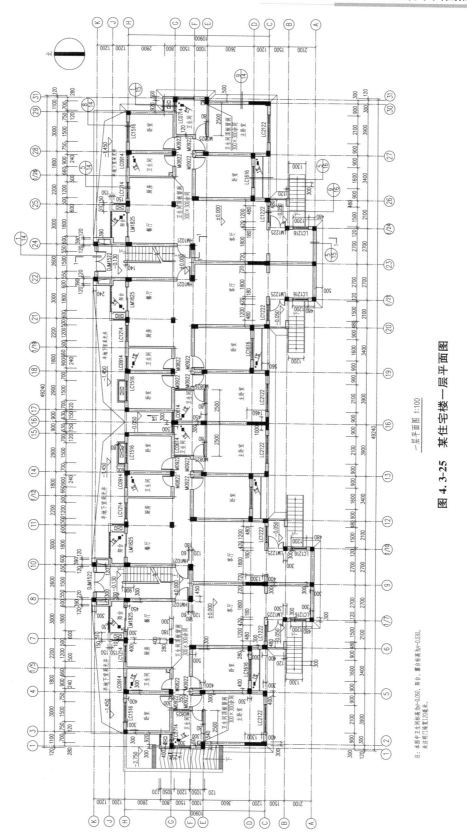

一层平面图 1:100

图 4.3-25　某住宅楼一层平面图

注：本图中卫生间标高均加-0.050，阳台、露台标高加-0.030，
未注明门洞口墙垛120者未标。

4.3.3　屋顶平面图绘制

【任务要求】

模型空间 1∶1，绘制某住宅楼屋顶平面图，如图 4.3-26 所示。要求投影正确，表达规范。

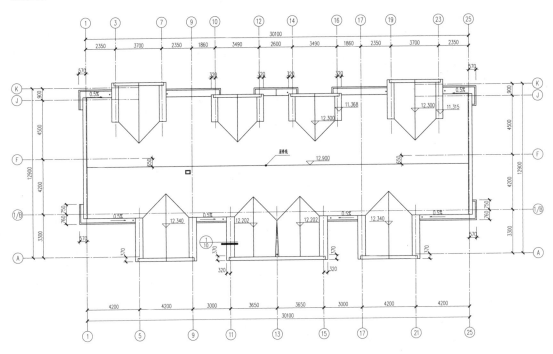

屋面排水示意图 1:100

图 4.3-26　某住宅楼屋顶平面图

【绘图步骤】

1. 增设图层

在建筑平面图所设图层的基础上，根据屋顶平面图的绘制需要，设置"屋面""雨水管"等图层，新增图层参数见表 4.3-1。

新增图层参数　　　　　　　　　　　　　　　　表 4.3-1

名称	颜色	线型	线宽
屋面	白	连续	0.7
雨水管	白	连续	0.18

2. 复制轴网

复制任务 4.4 建筑平面图中的轴网，并按需修改。

小提示

在复制轴网时，可先用图层隔离（_layiso）命令将"轴线"图层隔离，隔离后全选（Alt＋A）平面图执行复制（COPY | 快捷键 CO）命令。

3. 绘制屋檐线

将"屋面"图层置为当前，用"偏移（O）"命令，将外墙定位轴线其向外偏移 250，生成屋檐线，如图 4.3-27 所示。

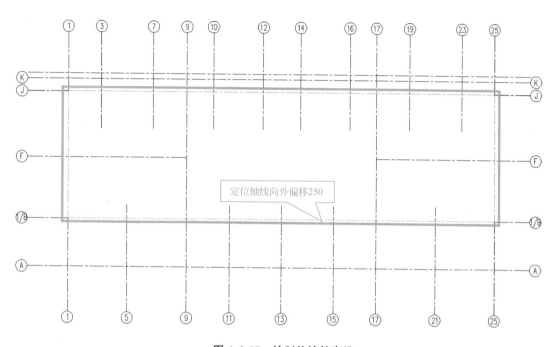

图 4.3-27　绘制外墙轮廓线

4. 绘制屋面

（1）绘制飘窗上方屋面线

将"屋面"图层置为当前，按照图示尺寸绘制飘窗上方屋面线，并对屋檐线进行修剪，绘制效果如图 4.3-28 所示。

（2）绘制屋脊线、天沟线

将"屋面"图层置为当前，按照图示绘制屋脊线、天沟线，由于屋面为同坡屋面，可过屋面角点绘制角平分线，确定屋脊或天沟线投影，绘制效果如图 4.3-29 所示。

（3）绘制挑檐沟

将"屋面"图层置为当前，按照图示尺寸绘制挑檐沟。

5. 文字说明、尺寸标注及标高

（1）注写文字

将"文字"图层置为当前，用"引线（LE）"命令对屋面进行文字注释，文字样式为【HZ】，文字高度为 3.5。

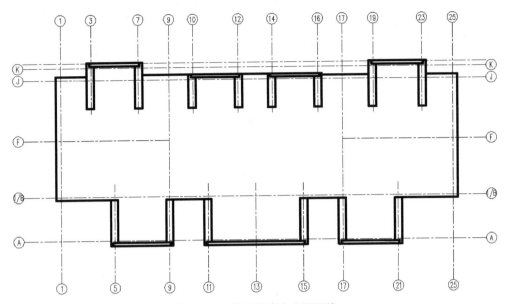

图 4.3-28　绘制飘窗上方屋面线

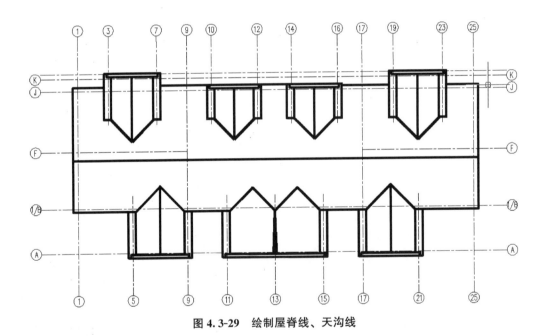

图 4.3-29　绘制屋脊线、天沟线

（2）尺寸标注

将"标注"图层置为当前，调用标注样式【BZ】，用"线性标注（DLI）""连续标注（DCO）"和"基线标注（DBA）"等命令标注外部两道尺寸线，完成外部尺寸标注后，进行内部尺寸标注，并补齐标高。

6. 其他

（1）雨水管

将"雨水管"图层置为当前，用"画圆（C）"命令绘制雨水管，直径为100。

（2）坡度符号

将"标注"图层置为当前，用"引线（LE）"命令绘制檐沟内坡度符号，绘制完成后使用"分解（X）"命令将其分解，修改为单面箭头。

（3）索引符号

将"标注"图层置为当前，用"直线（PL）"和"画圆（C）"命令绘制索引符号，其中圆的直径为 10，剖切位置线线宽为 b，编号字高为 3。

（4）图名及比例

将"文字"图层置为当前，用"单行文字（DT）"命令注写文字，其中图名用文字样式【HZ】，字高为 7，比例用文字样式【XT】，字高为 6。

模型空间 1：1，正确规范绘制如图 4.3-30 所示某别墅屋顶平面图。

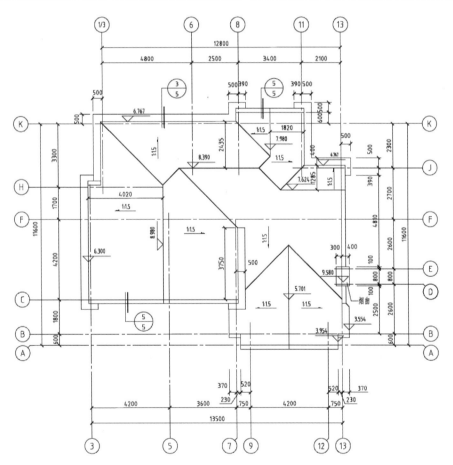

图 4.3-30　某别墅屋顶平面图

模型空间 1：1，正确规范绘制如图 4.3-31 所示某多层住宅楼屋顶平面图。

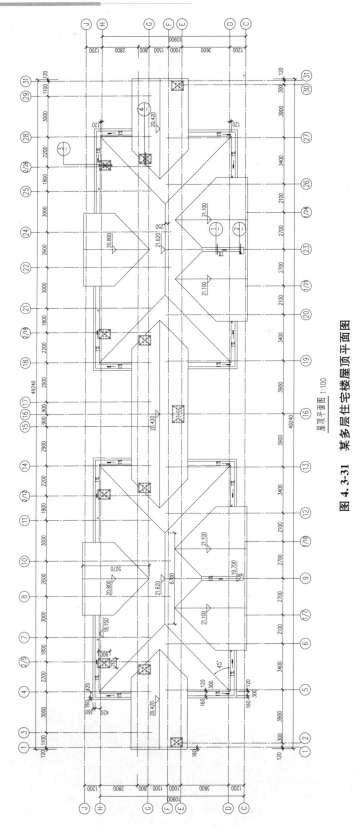

屋顶平面图 1:100

图 4.3-31　某多层住宅楼屋顶平面图

知识拓展

　　1. 屋顶平面图是直接从房屋上方向下投影所得的水平投影图，它主要表示屋面的排水情况以及屋顶的形状和尺寸、屋檐的挑出尺寸，女儿墙的位置和厚度、突出屋面的楼梯间、水箱间、烟囱、通风道等的位置。

　　2. 有关屋面的相关投影知识可参见本教材任务 3.3 的相关内容。

4.3-13
2021年大赛
正式赛卷
（模块三附图）

4.3-14
2021年大赛
正式赛卷
（模块二
任务六附图）

建筑立面图的绘制

教学目标

1. 知识目标

（1）理解建筑立面图的形成、用途和图示内容；

（2）熟悉建筑立面图制图标准；

（3）掌握 CAD 软件绘图命令。

2. 能力目标

（1）熟练的建筑立面图识读能力；

（2）熟练的 CAD 软件绘制立面图的能力。

3. 思政目标

（1）培养具有良好的建筑立面图绘制的职业规范精神；

（2）培养具有严谨的建筑立面图绘制工程思维。

思维导图

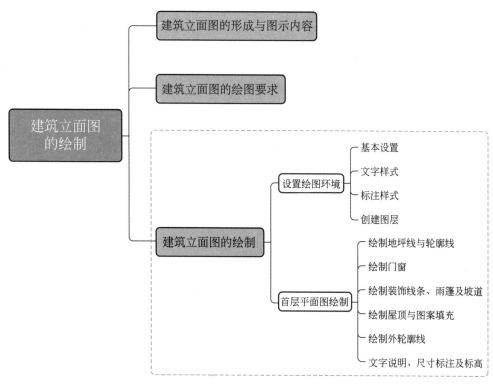

引言

　　建筑立面是建筑主体的主要表现手法之一，一般情况人们对建筑物的感知都是由立面反映出来的，一幢建筑物美与否、是否与周围环境协调以及人们对建筑物的认同，很大程度上取决于立面上的艺术处理。随着建筑技术的发展和新型建筑材料的应用，建筑立面变得更加活跃与自由，建筑立面作为建筑物的外衣，已成为衡量建筑物本身价值的重要因素。

　　在建筑施工图中，立面图主要反映了房屋的造型与尺度、各部位的高度、外貌和装修要求，是建筑外装修的主要依据。

任务 5.1　建筑立面图的形成与图示内容

5.1.1　建筑立面图的形成和用途

　　建筑立面图（简称立面图）是将建筑物外立面向与其平行的投影面进行投射所得到的

投影图，如图 5.1-1 所示。

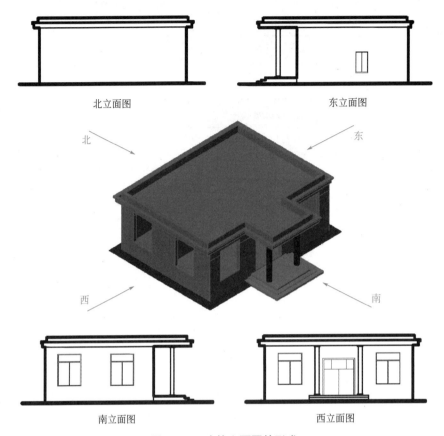

图 5.1-1　建筑立面图的形成

建筑立面图主要用来表明建筑物的立面和外形、外墙面的装饰做法、门窗的布置、阳台的形式，以及雨篷、檐口、雨水管位置等，是表达建筑立面设计效果的重要图样。在施工过程中，建筑立面图是实施外墙面装修、编制工程量清单、备料等工作的重要依据。

5.1.2　建筑立面图的图示内容

1. 图名、比例、图例和定位轴线

建筑立面图的命名有三种方式：

（1）根据房屋的立面朝向来命名，如南立面图、东立面图等；

（2）根据建筑平面图的定位轴线编号来命名，如Ⓐ～Ⓕ轴立面图、⑧～①轴立面图；

（3）根据房屋的外貌特征来命名，将反映建筑物主要出入口或反映建筑物主要外貌特征的立面图称为正立面图，与之相对的一面称为背立面图，其余的立面图称为侧立面图。

建筑立面图通常采用与建筑平面图相同的比例。

建筑立面图的常用图例可参见《建筑结构制图标准》GB/T 50105—2010（具体为：3 图例）。

建筑立面图一般只画出两端的定位轴线及其编号，以便与平面图对照来确定立面图的投影方向。

2. 建筑物的体型和外貌特征

建筑立面图反映了建筑物的体型和外貌，以及屋面、雨篷、台阶、阳台、挑檐、腰线、窗台、雨水管、空调板及勒脚等细部的形式和位置。

3. 尺寸标注和标高

建筑立面图在竖直方向标注三道尺寸，靠近建筑外轮廓的一道尺寸为室内外地面高差、门窗洞高、窗下墙高等，中间尺寸为层高尺寸，最外侧尺寸为总高度尺寸。

标高标注在房屋主要部位，如室内外地面、台阶、勒脚、各层的窗台和窗顶、雨篷、阳台、檐口等处。

4. 外墙面上的门窗

建筑物立面图上反映了外墙面上的门窗位置、高度、数量及立面形式等情况，有时还画有窗户的开启方向，其中细实线表示外开，细虚线表示内开。

5. 外墙面装修做法

在建筑立面图中一般用引出线和文字说明来表达外立面各部位，如屋面、墙面、檐口、墙面分格线、窗台、雨篷、勒脚等处的装修做法（饰面材料、颜色等），也可以在建筑设计总说明中列出外墙面的装修做法。

任务 5.2　建筑立面图的绘图要求

5.2.1　建筑立面图线宽要求

在绘制建筑立面图时，为突出立面图的表达效果，使建筑物的轮廓清晰、层次分明，通常选用如下线宽：建筑物的外轮廓用粗实线（b）绘制，室外地坪线用特粗实线（$b/1.4b$）绘制，外轮廓线内所有凹凸部位，如雨篷、台阶、门窗洞等用中粗实线（$0.7b$）绘制，门窗扇及其分格线、雨水管、墙面分格线等用中实线（$0.5b$）绘制，尺寸标注、图例线等用细实线（$0.25b$）绘制。

相关制图规范参见《建筑结构制图标准》GB/T 50105—2010（具体见：2.1 图线）。

5.2.2　建筑立面图绘图要求

1. 绘图环境设置

在平面图绘图环境基础上，根据立面图的内容和要求，新增图层：外轮廓、地坪线、建筑线条、栏杆等。图层颜色自定，图层线型和线宽应符合建筑制图国家标准要求。

2. 模型空间 1∶1 绘图

模型空间 1∶1 绘制建筑立面图，要求正确规范绘图。可基于本教材项目

5.2-1
2021年大赛
正式赛卷
（模块二
任务六）

4 的建筑平面图绘图文件，建立建筑立面图文件，并按需修改。

相关绘图要求可参考 2021 年全国职业院校技能大赛（中职组）建筑 CAD 赛项正式赛卷模块二的任务六（抄绘、改错、补绘建筑施工图）。

任务 5.3 建筑立面图的绘制

本部分采用实际例子进行解释，模型空间 1∶1 正确规范绘制某住宅楼北立面图，如图 5.3-1 所示，具体的绘图步骤如下：

图 5.3-1 某住宅楼北立面图

5.3.1 设置绘图环境

5.3-1
2016年大赛
公开题库
（第七套
任务三附图）

建筑立面图是在平面图的基础上生成的，可直接打开本教材的任务 4.4 绘制的建筑平面图，将其另存为建筑立面图，使用相关绘图环境。

1. 增设图层

在建筑平面图所设图层的基础上，根据立面图的绘制需要，设置"地坪线""外轮廓线""其他轮廓线"等图层，新增图层参数见表 5.3-1。

新增图层参数　　　　　　　　　　　　　　　　　　表 5.3-1

名称	颜色	线型	线宽
地坪线	白	连续	1
外轮廓线	白	连续	0.7
次轮廓线	白	连续	0.5
栏杆	8	连续	0.18

2. 调整方向

用"旋转（RO）"命令将平面图旋转 180°，使其轴线的排列方式与立面图相同，保留Ⓚ轴外墙、①轴及㉕轴轴线，其余部分删除，效果如图 5.3-2 所示。

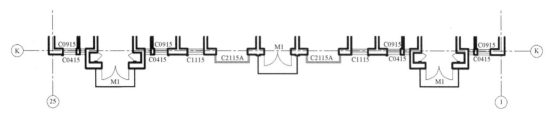

图 5.3-2　调整平面图方向

5.3.2　绘制地坪线与轮廓线

1. 绘制地坪线

将"地坪线"图层置为当前，用"直线（L）"命令绘制地坪线。

2. 绘制立面轮廓辅助线

将"次轮廓线"图层置为当前，用构造线（XLINE｜快捷键 XL）或射线（RAY）命令绘制立面轮廓辅助线（包括外轮廓和其他墙体转折处轮廓辅助线），绘制效果如图 5.3-3 所示。

5.3-2
绘制地坪线
与轮廓线

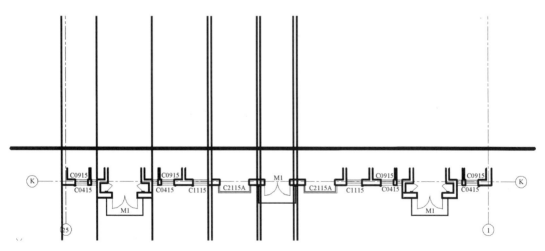

图 5.3-3　绘制地坪线与轮廓线

3. 绘制横向定位辅助线

以地坪线为基准线，用"偏移（O）"命令，向上偏移得到屋面横向定位辅助线。以地坪线和屋面定位辅助线为边界，"修剪（TR）"立面轮廓辅助线，绘制效果如图 5.3-4 所示。

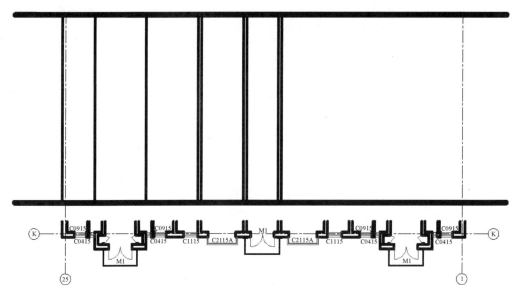

图 5.3-4　绘制横向定位辅助线

小提示

　　由于本图左右对称，可先绘制好左侧部分后，利用"镜像（MI）"命令生成右侧部分。

5.3.3　绘制门窗

　　将"门窗"图层置为当前，用"构造线（XL）"或"射线（RAY）"命令在平面图相应门窗两侧引出辅助线，以地坪线为基准，用"偏移（O）"命令依次向上偏移出门窗横向定位辅助线，用画"矩形（REC）"命令绘制门窗洞，参照门窗详图绘制门窗分格线。以 C0915（图 5.3-5）为例，绘制方法和效果如图 5.3-6 所示。

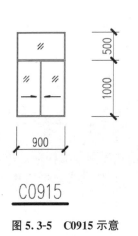

图 5.3-5　C0915 示意

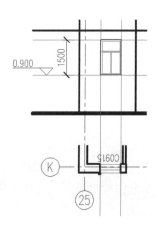

图 5.3-6　绘制 C0915

　　按照同样的方法，分别完成二、三层及阁楼层门窗的绘制，绘制完成后删除辅助线，绘制效果如图 5.3-7 所示。

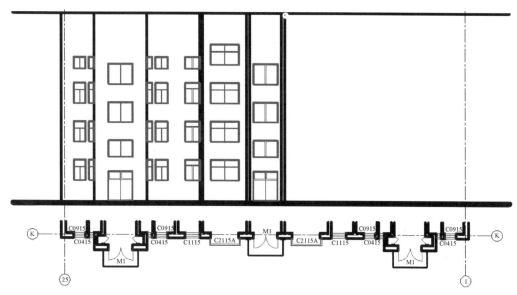

图 5.3-7　绘制门窗

　　① 可将立面图中所需门窗逐一制作成属性块，完成门窗洞口定位后可直接插入门窗图块。

　　② 一层窗绘制完成后，可直接复制生成二、三层窗。

5.3-3
绘制立面图
门窗

5.3.4　绘制装饰线条、雨篷及坡道

　　将"次轮廓线"图层置为当前，依据尺寸绘制外墙装饰线条、雨篷及坡道，绘制效果如图 5.3-8 所示。

5.3.5　绘制屋顶与图案填充

　　将"次轮廓线"图层置为当前，依据尺寸绘制屋顶，绘制完成后将立面图左侧部分镜像（MIRROR｜快捷键 MI）生成右侧部分。

　　将"填充"图层置为当前，用填充（BHATCH｜快捷键 H）命令对屋顶进行图案填充，填充设置如图 5.3-9 所示。

5.3.6　绘制外轮廓线

　　将"外轮廓线"图层置为当前，沿立面图外轮廓描边，绘制效果如图 5.3-10 所示。

图 5.3-8 绘制装饰线条、雨篷及坡道

图 5.3-9 填充设置

图 5.3-10　绘制外轮廓线

5.3.7　文字说明、尺寸标注及标高

1. 注写文字

用"引线（LE）"命令打开"引线设置"对话框，方法如下：

命令：LE

QLEADER

指定第一个引线点或［设置(S)］＜设置＞：S

对引线进行设置，如图 5.3-11 所示。

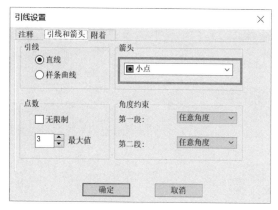
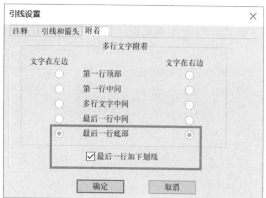

图 5.3-11　引线设置

将"文字"图层置为当前，用"引线（LE）"命令对立面进行文字注释（默认文字

样式"XT"，文字高度3），方法如下：

> QLEADER
> 指定第一个引线点或［设置(S)］＜设置＞：
> 指定下一点：
> 指定下一点：
> 指定文字宽度＜0.000000＞：
> 输入注释文字的第一行＜多行文字＞：红色英红彩瓦 　　　　　　　　　　　　（回车键）
> 输入注释文字的下一行： 　　　　　　　　　　　　　　　　　　　　　　　（回车键）
> 文字注释完成后注意将汉字的文字样式修改为"HZ"，文字高度修改为3.5。

2. 尺寸标注及标高

将"标注"图层置为当前，调用标注样式"BZ"，用"线性标注（DLI）""连续标注
（DCO）"和"基线标注（DBA）"等命令标注外部三道尺寸线，完成外部尺寸标注后，
进行内部尺寸标注，并补齐标高。

3. 图名及比例

将"文字"图层置为当前，用"单行文字（DT）"命令注写文字，其中图名用文字
样式"HZ"，字高为7，比例用文字样式"XT"，字高为6。

▪ **基础训练**

模型空间1∶1正确规范绘制某住宅楼南立面图，如图5.3-12所示。

▪ **进阶训练**

模型空间1∶1正确规范绘制某多层住宅楼南立面图，如图5.3-13所示。

▪ **小提示**

① 建筑立面图的绘制是在已有的建筑平面图的基础上完成的，绘制时还需要结
合平面图与建筑详图，因此想要准确、快速地绘图，必须具有扎实的投影知识和建筑
识图能力。

② 将门窗制成图块，绘制时使用图块功能，可提高绘图速度。

③ 绘图之前仔细观察整个图形特征，看是否可采用镜像（MIRROR｜快捷键
MI）命令或其他高效绘图方式。

5.3-4
2021年大赛
正式赛卷
（模块二
任务六附图）

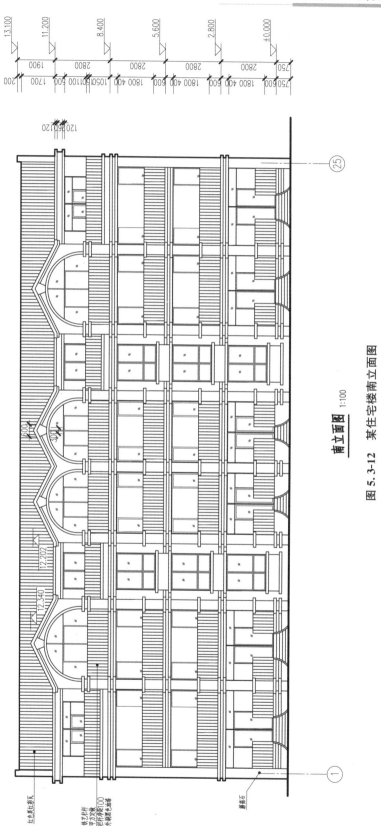

南立面图 1:100

图 5.3-12　某住宅楼南立面图

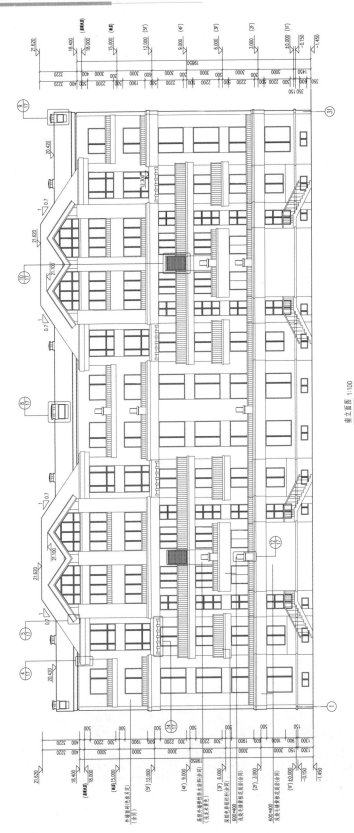

南立面图 1:100

图 5.3-13 某多层住宅楼南立面图

建筑剖面图的绘制

1. 知识目标

（1）理解建筑剖面图的形成、用途和图示内容；

（2）掌握绘制剖面图的主要方法及分步操作步骤。

2. 能力目标

（1）培养学生绘图和读图能力，使学生熟悉有关制图标准的内容及其应用；

（2）培养学生能够根据具体需求，绘制相应的剖面图。

3. 思政目标

（1）培养良好的工程思维与创新意识，以及建筑剖面图绘制的职业规范精神与素养；

（2）培养认真负责的建筑剖面图绘制工作态度。

思维导图

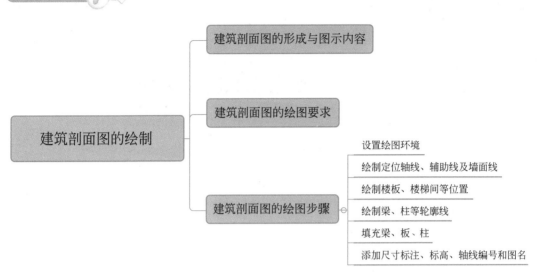

建筑剖面图的绘制
├ 建筑剖面图的形成与图示内容
├ 建筑剖面图的绘图要求
└ 建筑剖面图的绘图步骤
　├ 设置绘图环境
　├ 绘制定位轴线、辅助线及墙面线
　├ 绘制楼板、楼梯间等位置
　├ 绘制梁、柱等轮廓线
　├ 填充梁、板、柱
　└ 添加尺寸标注、标高、轴线编号和图名

引言

　　剖面图包括表示空间关系的整体剖面图、表示墙身构造的墙身剖面图，以及为表达设计意图所需要的各种局部剖面图。剖面图主要是清楚表达该构件的细部构造，使得施工人员能够清楚地知道在此构件处应该怎么施工作业，以及预结算人员能够清楚地对该构件的工程量进行准确无误计算，确保工程价款的准确性。

　　通过分析因施工设计图存在问题而导致的工程事故，引导学生思考，从而达到深刻理解剖面图纸的重要性，同时教育学生作为制图人员要以工匠精神为指引，培养锻炼自身精益求精、高度负责、追求卓越的良好品质。

任务 6.1　建筑剖面图的形成与图示内容

6.1.1　建筑剖面图的形成和用途

1. 建筑剖面图的形成

建筑剖面图是假想用一铅垂剖切面将房屋剖切开后移去靠近观察者的部分，做出剩下部分的投影图，简称剖面图。

2. 建筑剖面图的用途

建筑剖面图用以表示房屋内部的结构或构造方式，如楼面（包括屋面和地面）形式、分层情况、材料、做法、尺寸及各部位之间的联系等。它与平、立面图相互配合，用于计算工程量、指导各层楼板，以及屋面施工、门窗安装和内部装修等。

知识拓展

剖面与断面图的区别

1. 剖切符号不同：剖面图用剖切位置线、投射方向线和编号来表示。断面图则只画剖切位置线与编号，用编号的注写位置来代表投射方向。

2. 剖面图包含断面图：剖面图是形体剖切之后剩下部分的投影，是"体"的投影；断面图是形体剖切之后断面的投影，是"面"的投影。

3. 剖面图可用两个或两个以上的剖切平面进行剖切，断面图的剖切平面通常只能是单一的。

6.1-1
Revit制作的
建筑剖面
模型

6.1.2　建筑剖面图的图示内容

1. 图名、比例及图例

（1）图名：建筑剖面图的图名应与底层平面图的剖切符号一致。

（2）比例：与平立面图比例相同。

（3）图例：比例不大于 1：100 的被剖切钢筋混凝土构件可涂黑。

2. 定位轴线及其编号

（1）定位轴线：画出两端墙或柱的定位轴线及其编号，以明确剖切位置和剖视方向。

（2）轴线编号：剖面图中的轴线编号表示建筑物在平面图中的相应位置。

3. 图线

（1）特粗实线（1.4 倍的粗实线）：室外地平线。

（2）粗实线：被剖切到的墙身、梁、楼板、屋面板、柱、楼梯段、楼梯平台等轮廓线。

（3）中实线：没有剖切到但可见的部分，如：墙体、门窗洞口、楼梯段、平台、扶手和内外墙的轮廓线。

（4）细实线：门窗、墙面分格线、引出线、尺寸线、标高符号、雨水管、踢脚和可见的室内各种装饰等。

4. 尺寸标注

建筑剖面图中，须标注垂直尺寸和标高且外墙的竖向尺寸一般标注三道。

（1）最里侧一道为门、窗洞及洞间墙的高度尺寸。

（2）中间一道为层高尺寸，即底层地面到上一层楼面、各层楼面到上一层楼面、顶层楼面到檐口处的屋面等，同时还应注明室内外地面的高差尺寸。

（3）最外侧一道为室外地坪以上的总高尺寸。

5. 标高

建筑剖面图中应标注室内外地面、各层楼面、楼梯休息平台面、阳台顶面、屋面、檐口或女儿墙顶面等标高和某些梁、雨篷等构件的底面标高。

标注尺寸和标高时，应使剖面图中的标高与平面图、立面图保持一致。建筑剖面图及其详图中标注的标高为建筑标高，标高以 m 为单位，精确到小数点后三位。

6. 其他

建筑剖面图中楼、地面各层构造做法一般可用引出线说明。若需绘制详图的部位，应画上详图索引符号。对于剖到的建筑物倾斜的部位，如屋面、散水等应用坡度来表示其倾斜的程度。

任务 6.2　建筑剖面图的绘图要求

1. 绘图环境设置

（1）绘图环境设置主要包括：创建图层及其线型、文字样式、尺寸样式等。

（2）图层至少包括：轴线、墙体、门窗、楼梯踏步、散水坡道、标注、文字、填充等。图层颜色自定，图层线型和线宽应符合建筑制图国家标准要求。

（3）图线

图线的具体要求 6.1.2 建筑剖面图的图示内容。

2. 模型空间 1：1 绘图

模型空间 1：1 绘制建筑剖面图。

可基于本教材的项目 2 创建样板文件中的样板文件，建立建筑剖面图文件，并按需修改。

任务 6.3　建筑剖面图的绘制

6.3.1　调用样板文件

调用教材项目 2 所创建的样板文件，按需创建图层即可，如图 6.3-1 所示。

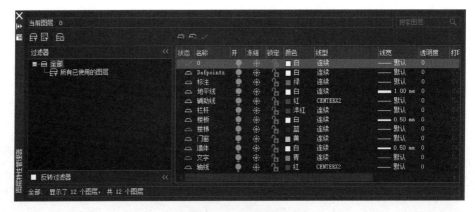

6.3-1
调用样板
文件

图 6.3-1　创建图层

6.3.2　绘制辅助线

1. 将图层切至辅助线。
2. 点击 F8，打开正交状态。
3. 根据图 6.3-2 中 1-1 剖面图所示的尺寸，利用偏移和修剪命令绘制辅助线，完成后如图 6.3-3 所示。

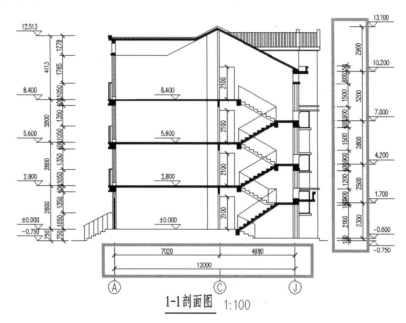

图 6.3-2　1-1 剖面图

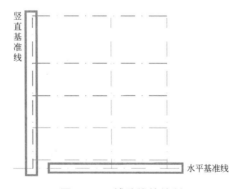

图 6.3-3　辅助线的绘制

6.3.3　绘制剖面墙线

1. 根据图 6.3-4 一层平面图中的 1-1 的剖切位置，绘制剖面墙线，注意门窗的位置，完成后如图 6.3-5 所示。

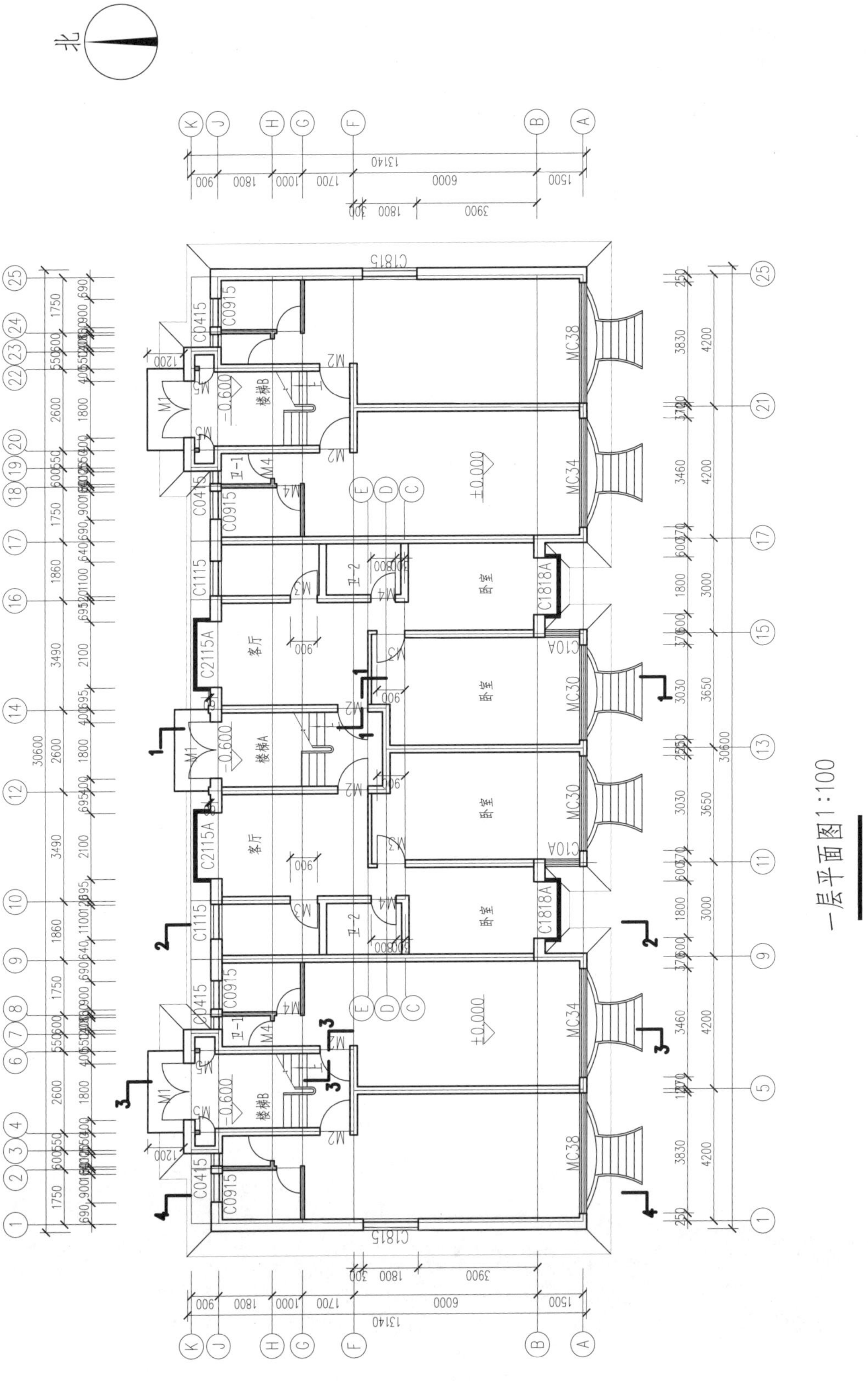

一层平面图 1：100

图 6.3-4 一层平面图

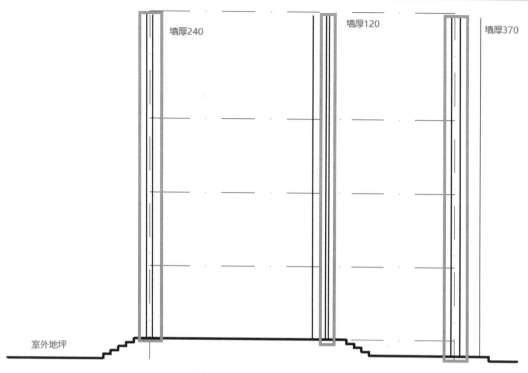

图 6.3-5　剖面墙线的绘制

2. 没有剖切到但可见的部分，同前一项目立面图的绘制方法。

读图时必须弄清每张图纸之间的相互关系。因为一张图纸无法详细地表达一项工程各部位的具体尺寸、做法和要求。必须用很多张图纸，从不同的方面表达某一个部位的做法和要求，这些不同部位的做法和要求，组成一个完整的建筑物的全貌。在剖面图的绘制时，有很多信息就需要从其他图纸中获取。

6.3-3
剖面墙线
的绘制

6.3.4　绘制梁、板、楼梯

根据图6.3-6节点详图及图6.3-7楼梯大样图，绘制梁、板、楼梯及扶手等，完成后如图6.3-8所示。

6.3.5　绘制门窗

6.3-4
梁、板、楼梯
的绘制

将门窗层设置为当前层，通过观察首层平面图 1-1 的剖切位置，结合每一层的平面图与门窗大样，找出所需门窗尺寸信息，如图 6.3-9 门窗样图所示，绘制完成如图 6.3-10 所示。

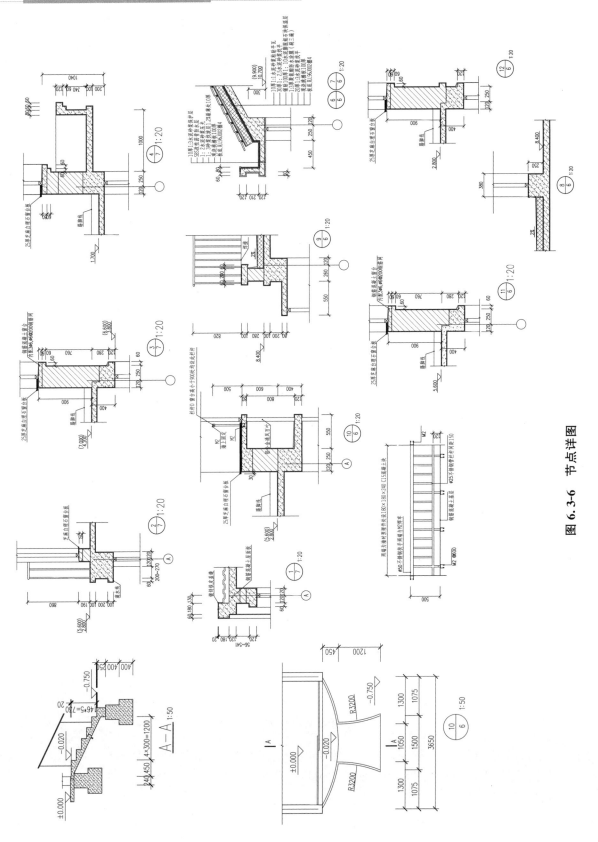

图 6.3-6 节点详图

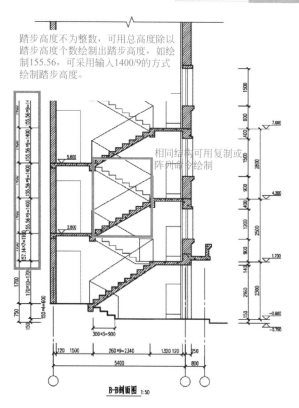

图 6.3-7　楼梯大样图

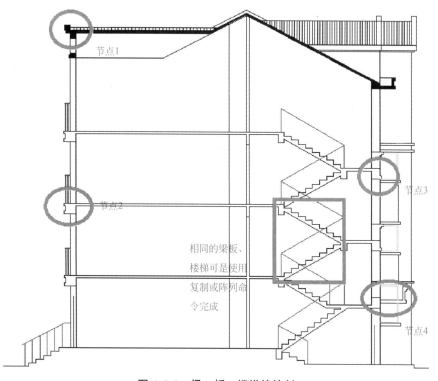

图 6.3-8　梁、板、楼梯的绘制

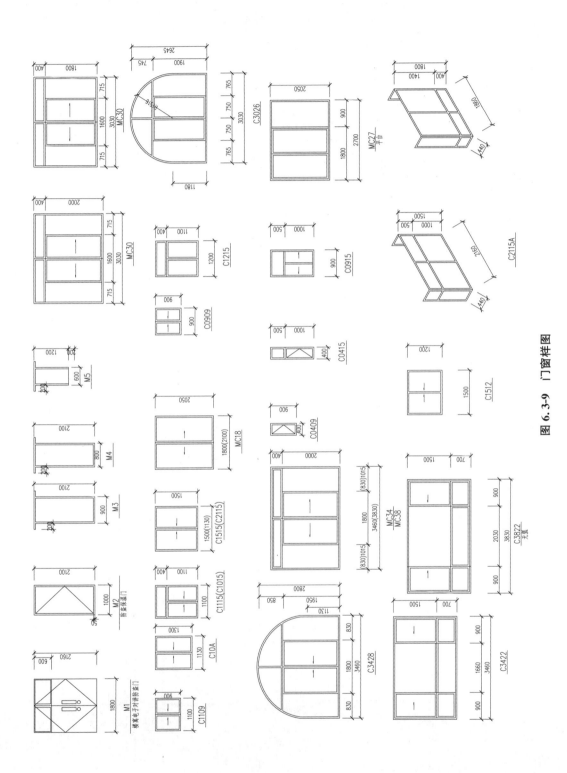

图 6.3-9　门窗样图

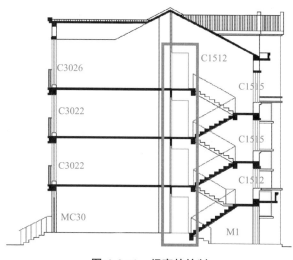

图 6.3-10 　门窗的绘制

6.3.6 　添加标注、标高、轴线编号和图名

　　剖面图的标高、细部尺寸和轴号的标注方法可参考立面图和平面图。绘制完成如图 6.3-11 所示。

6.3-5
标注、标
高、轴线
编号和图
名的绘制

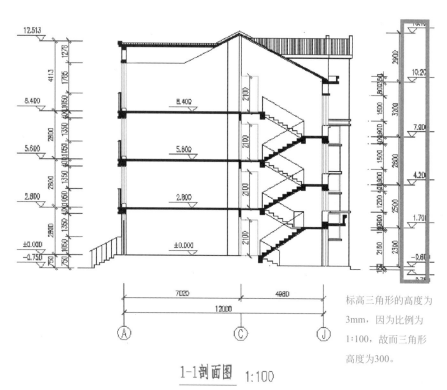

　　标高三角形的高度为 3mm，因为比例为 1:100，故而三角形高度为 300。

1-1剖面图 1:100

图 6.3-11 　标注、标高、轴线编号和图名的绘制

 **基 础 训 练**

依据任务 6.3 建筑剖面图的绘制，完成 2016 年全国职业院校技能大赛（中职组）建筑 CAD 赛项第七套附图 2-2 剖面的抄绘。

进 阶 训 练

依据本项目所学，完成 2021 年全国职业院校技能大赛（中职组）建筑 CAD 赛项国赛题 1-1 剖面的补绘。

6.3-6
2021年大赛
题1-1剖面
的补绘

项目7

建筑构件图样的绘制

1. 知识目标

(1) 理解建筑构件图样的形成、用途和图示内容；

(2) 熟悉建筑楼梯设计要求。

2. 能力目标

(1) 熟练绘制各楼梯、构件详图；

(2) 掌握 CAD 软件绘制构件图样技巧；

(3) 掌握建筑构造知识和房屋建筑学理论知识的应用能力。

3. 思政目标

(1) 养成科学的建筑构件图样思维习惯；

(2) 培养严格遵守建筑构件图样设计标准规定的制图习惯。

思维导图

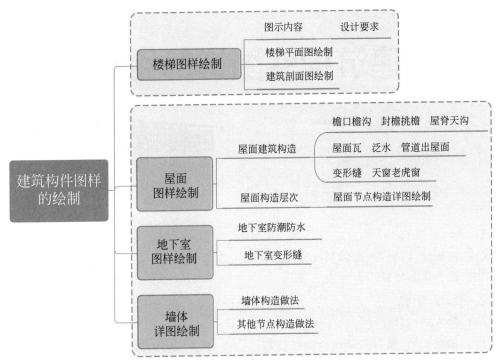

引言

　　在建筑构件中，楼梯是必不可少的。从建筑艺术和美学的角度来看，楼梯是视觉的焦点，也是彰显主人个性的一大亮点。楼梯是建筑中上下空间的一个连接，在此上与下之间需要的是安全、便捷。因此，对楼梯的构成要有清楚的认知，严格遵守设计规范才能完成楼梯设计。

任务 7.1　楼梯图样的绘制

7.1.1　楼梯的图示内容和设计要求

　　楼梯是建筑中上下联系的主要交通设施。为了解决垂直交通的问题，一般采取的设施有楼梯、自动扶梯、电梯、爬梯、坡道等。即使建筑中设有电梯或扶梯，也必须设置楼梯以满足紧急情况时疏散用。

　　根据楼梯的形式可以分为直跑式、双跑式、三跑式、多跑式以及弧形、旋转楼梯，其中，最常采用的是双跑式楼梯。考虑到疏散效果以及建筑物内部的装饰效果，还常常使用剪刀梯、双分和双合等形式的楼梯。通常在结构上也分为梁板式楼梯和板式楼梯，如图 7.1-1 所示。

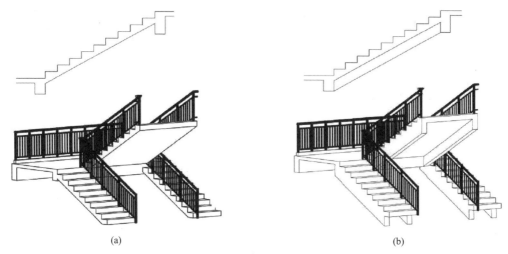

（a）　　　　　　　　　　　　　　　　　　（b）

图 7.1-1　板式楼梯和梁板式楼梯

（a）板式楼梯；（b）梁板式楼梯

一般来讲，楼梯主要由楼梯平台、梯段、栏杆扶手组成，如图 7.1-2 所示。

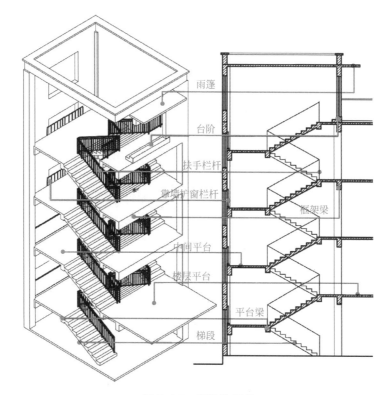

图 7.1-2　楼梯的组成

1. 楼梯段（简称梯段）

（1）设有踏步以供层间上下行走的通道段落称之为梯段。梯段踏步又分为踏面（踏步的水平面）和踢面（踏步的垂直面）。踏步的尺寸也决定了楼梯的坡度大小，坡度越小越平缓，行走也越舒服。但是坡度小却加大了楼梯间尺寸，增加了面积和造价。因此，在楼梯的设计上存在使用和经济上的取舍，要按需设计。常用的坡度为 1：2 左右，对于人流量大、安全要求高的公共建筑应该要平缓一些。根据《民用建筑设计统一标准》GB 50352—2019，常用楼梯踏步高度和宽度的参考尺寸见表 7.1-1。

常用楼梯踏步高度和宽度的参考尺寸（单位：mm）　　　　　表 7.1-1

名称	住宅	学校、办公楼	剧院、会堂	医院	幼儿园
踏步高(h)	150～175	140～160	120～160	150	120～150
踏步宽(b)	260～300	260～320	280～320	300	260～300

（2）踏步高度一般为 140～175mm 为宜。踏步宽度一般为 260～300mm 为宜，但不应小于 260mm。

（3）梯段宽度要按照《建筑设计防火规范》GB 50016—2014（2018 年版）来确定，每股人流可按 550～700mm 的宽度来考虑，双人通行时为 1000～1200mm，以此类推。同时还应该满足各类建筑设计规范中对梯段宽度的限定，如《民用建筑设计统一标准》GB 50352—2019 中的要求：住宅梯段宽度大于或等于 1100mm、公共建筑建筑梯段宽度大于或等于 1300mm 等。

（4）梯井是指梯段之间形成的空隙，梯井上下贯通于楼梯中间。宽度在 60～200mm 为宜，供儿童少年使用的不应大于 120mm，以利于安全。

2. 楼梯平台

（1）楼梯平台分为楼层平台和休息平台（中间平台）。楼层平台用于分配楼梯到各层的人流，而休息平台则是供人们行走时候调节体力和改变方向。

（2）通常中间平台宽度应不小于梯段宽度，以保证数股人流正常通行。

（3）楼梯下部净高是楼梯设计中的重点与难点。楼梯下部净高分为平台净高和梯段净高。其中梯段净高不应小于 2200mm，如果平台下做通道则不应小于 2000mm。楼梯下净空高度如图 7.1-3 所示。

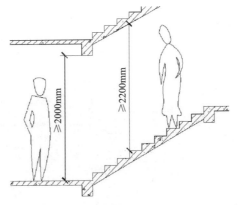

图 7.1-3　楼梯下净空高度设计要求

3. 栏杆扶手

栏杆扶手是楼梯边缘的安全保护构件。扶手通常设于栏杆顶部和中部，也有设于墙上称为靠墙扶手。一般室内楼梯栏杆扶手高度不小于 900mm，室外楼梯、消防楼梯的扶手高度应不小于 1100mm。在幼儿园等建筑中还需要在 500～600mm 处增设一道扶手，以满足儿童身高需要。

　楼梯作为建筑竖向交通的主要部件，除了引导人流还需充分考虑结构坚固、通行方便、消防疏散、安全防火的作用，同时还要满足施工环境和经济条件的要求。

7.1.2　楼梯平面图绘制

下面以 2021 年全国职业院校技能大赛中职组建筑 CAD 赛项模块二中的任务三"楼梯设计"为例讲解，如图 7.1-4 所示。

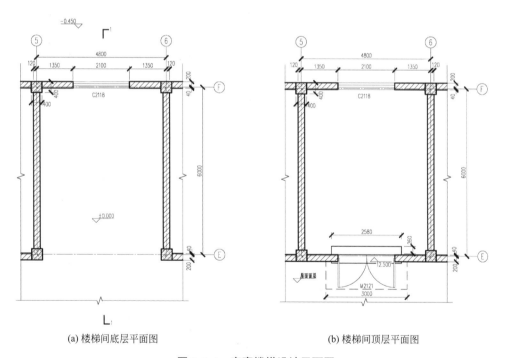

(a) 楼梯间底层平面图　　　　　　　　　　(b) 楼梯间顶层平面图

图 7.1-4　竞赛楼梯设计平面图

【任务要求】楼梯设计：本任务可基于任务一的样板文件"TASK01.dwt"开始建立新图形文件，并按需修改，命名为"TASK03.dwg"保存到指定的文件夹中。

1. 设计条件

某局部五层旅馆采用敞开式自然采光楼梯间，楼梯间的平面如图 7.1-4 所示。已知采用现浇钢筋混凝土双合板式楼梯，梯板与平台板厚均为 100mm；框架梁梁高 500mm，平台梁梁高 350mm，梁宽同墙厚；首层层高为 3.2m，二～四层层高均为 3m，楼梯间顶层层高 2.9m，楼梯间顶层通至上人屋面。窗台距楼层线 600mm；楼梯间屋顶的女儿墙高为 600mm，厚同墙厚，压顶厚 80mm，各边挑出墙面 80mm。

2. 绘图要求

（1）绘制该楼梯间的大样图：包括平面图和 1-1 剖面图，出图比例为 1：50（不考虑面层，单线简画栏杆扶手）。

（2）绘制楼梯栏杆详图（参见 15J403-1 B17 页 A7 型），出图比例为 1：20 和 1：10。

【绘图步骤】

7.1-1
2021年大赛
（模块二
任务书）

1. 绘制楼梯间平面图（以中间层为例）

（1）设置绘图环境：图层、单位、多段线、绘图比例、标注样式、文字样式。

（2）绘制轴网轴号。

将"轴线"图层置为当前，用"直线"命令先绘制出一边轴线，通过"偏移"命令画出轴网。再使用圆、单行文字命令绘制出轴号，如图 7.1-5 所示。

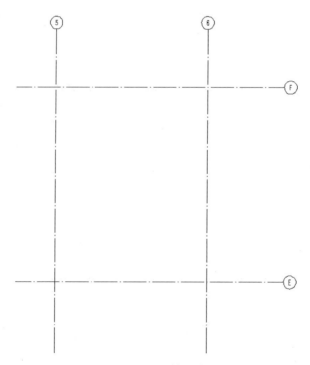

图 7.1-5 绘制轴网轴号

绘制出轴网轴号之后点击菜单栏的"扩展工具"→"绘图工具"→"折断线"，依次点击折断线起点、终点、折断位置生成折断线（注意折断线的比例会影响折断符的大小），将楼梯间区域闭合。如图 7.1-6 所示。

小提示

中望 CAD 绘图软件菜单栏的"扩展工具"内置了许多实用功能，有效利用这些功能可以让绘图效率提升。

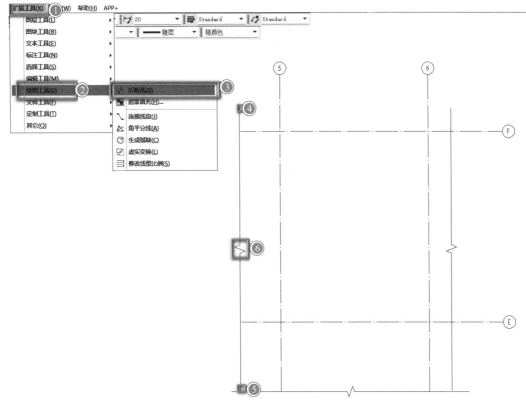

图 7.1-6 折断线做法

（3）绘制墙体柱子门窗

在轴网完成的基础上，先使用"矩形（REC）"命令绘制出四个柱子，再使用"多线（ML）"命令绘制墙体（要注意观察墙体与轴线的位置）及窗户，如图 7.1-7 所示。

（4）填充图例

根据《建筑制图标准》GB/T 50104—2010 中"4.4 其他规定"，比例大于 1：50 的平面图、剖面图宜画出材料图例。根据本例的比例需要进行图例的填充，此处不再详述。

为填充方便，先关闭轴网图层。再输入"填充（H）"命令打开面板，选择"斜线"和"混凝土"的图例，输入比例用"添加拾取点"工具进行填充，如图 7.1-8 所示。

2. 绘制梯段（以中间层为例）

（1）确定尺寸

本例根据已知条件设计一座现浇混凝土双合板式楼梯，通过测量得知楼梯间净宽是4560mm，减去中间两个梯井宽度 120mm（每个取最小值 60mm）得 4440mm。双合式楼梯两段上行人流、两段下行人流共四段，故每段宽度 1110mm 最为合理并且符合设计要求。

中间平台宽度按照双人通行设计，则不小于 1200mm，本例楼梯间进深较深，中间平台宽度则取 1400mm。

旅馆满足踏步宽度不小于 260mm，踏步高度不大于 175mm，楼梯设计最合理。本例踏步宽度取 300mm，每层上 20 级，踏步高度根据层高等分。

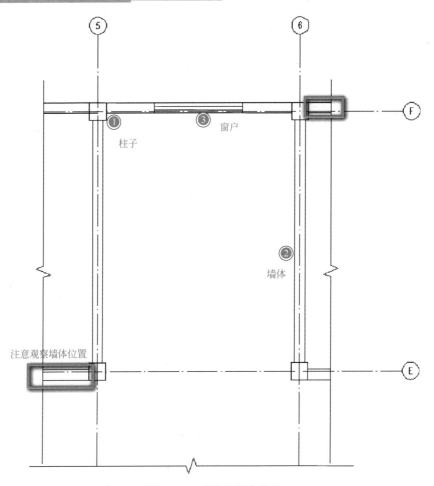

图 7.1-7　墙体及窗户绘制

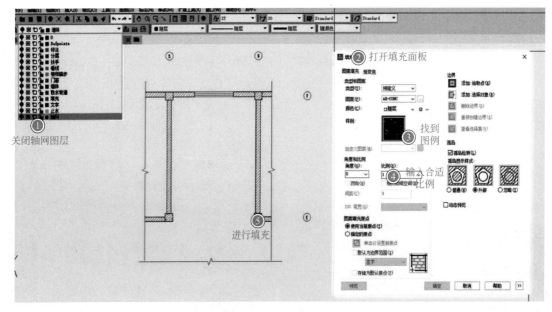

图 7.1-8　填充图例做法

（2）绘制踏步线

使用"直线"命令在距墙边 1400mm 处绘制长度为 1100mm、2220mm、1100mm 的三段直线，每段直线中间空 60mm 作梯井用。

将三条直线向下阵列九行，每行间距 300mm，如图 7.1-9 所示。

（3）绘制梯井

使用"矩形（REC）"命令在踏步边线中间处绘制两个 60mm×2700mm 的矩形。如图 7.1-10 所示。

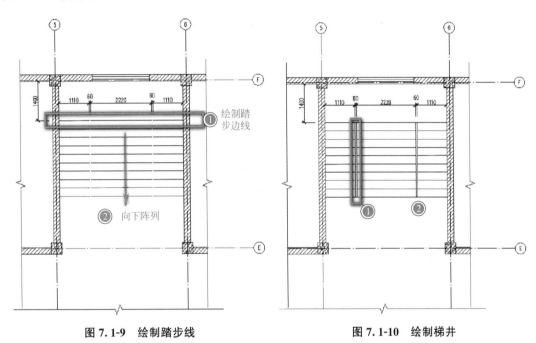

图 7.1-9　绘制踏步线　　　　　　　　　图 7.1-10　绘制梯井

（4）绘制扶手

将梯井的矩形向外用"偏移（O）"命令偏移 30mm 和 90mm，绘出扶手。再用"修剪（TR）"命令以两个矩形为边界修剪掉扶手内的踏步线。

同上述方法绘制出护窗栏杆，如图 7.1-11 所示。

3. 标注及文字

（1）绘制折断符和箭头

使用"扩展工具"→"绘图工具"→"折断线"命令绘制出双折断符，再使用"多段线（PL）"设置起点和终点宽度绘制出箭头，最后使用"单行文字（DT）"命令用汉字字体进行文字标注，如图 7.1-12 所示。

7.1-2
楼梯平面
梯段绘制

（2）尺寸标注

使用"线性标注（DLI）"和"连续标注（DCO）"命令标注墙体柱子尺寸、轴线间距、梯段宽度以及踏步尺寸，如图 7.1-13 所示。

（3）文字标注

使用"多段线（PL）"命令绘制标高符号，再使用"单行文字（DT）"命令标注出层高、窗号、图名及比例等文字，如图 7.1-14 所示。

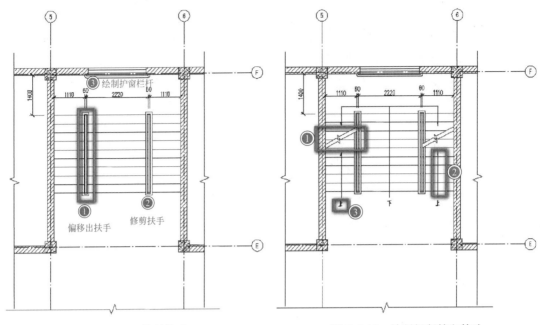

图 7.1-11 绘制扶手

图 7.1-12 绘制折断符和箭头

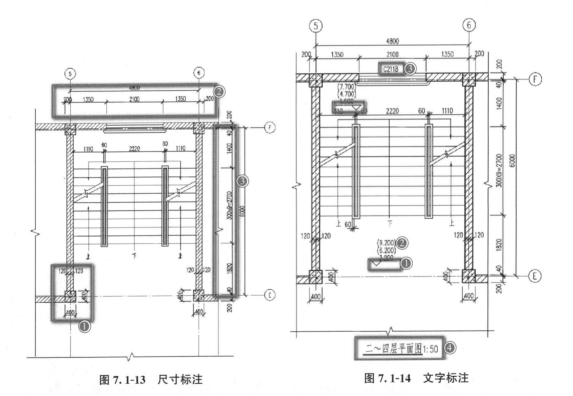

图 7.1-13 尺寸标注

图 7.1-14 文字标注

 小提示

楼梯底层平面图、顶层平面图可以基于中间层平面图加以修改成图。

7.1.3　楼梯剖面图绘制

1. 楼梯底层剖面绘制

（1）绘制地坪、墙体、辅助线

先绘制出轴线、轴号以及标注定位尺寸。

绘制墙体，在地坪下方用折断线进行折断，再用"多段线（PL）"命令设置宽度绘制地面（注意观察是否为刚性地面）及地坪，用"直线（L）"命令绘制柱子的投影线。

使用"构造线（XL）"命令在一层地面往上 1600mm 处绘制中间平台定位辅助线，在 3200mm 处绘制二层地面定位辅助线，竖向绘制梯段起跑位置和平台边缘位置两条辅助线，如图 7.1-15 所示。

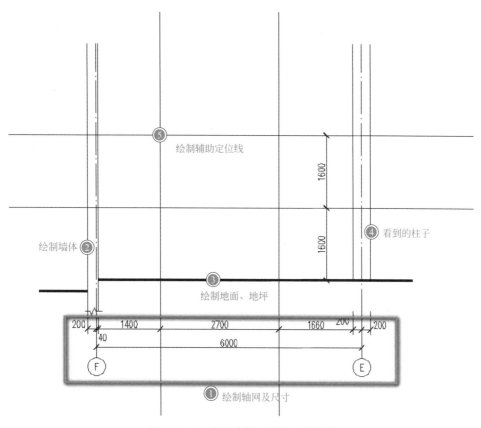

图 7.1-15　绘制地坪、墙体、辅助线

（2）绘制地坪、墙体、辅助线

根据辅助线的定位用"多线（ML）"命令设置宽度为板厚绘制出平台板、楼板。

用"矩形（REC）"命令分别绘制出 240mm×350mm 的平台梁和 240mm×500mm 及 240mm×800mm 的框架梁，如图 7.1-16 所示。

（3）绘制梯段

在起跑位置用"多段线（PL）"命令向上画 160mm 高、再向左画 300mm 长的踏步。

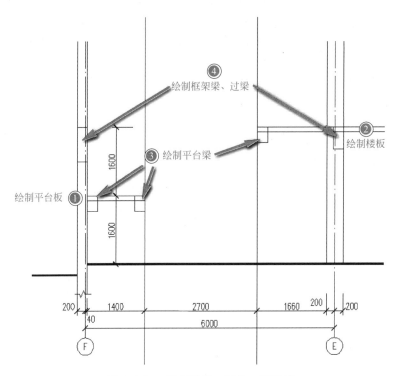

图 7.1-16　绘制地坪、墙体、辅助线

将此踏步用"阵列（AR）"或"复制（CO）"命令阵列到平台处。

用"直线（L）"命令将梯段右下角点和左上角点连接起来，再用"偏移（O）"命令偏移出 100mm 的板厚。画出第一、二跑楼梯梯段，如图 7.1-17 所示。

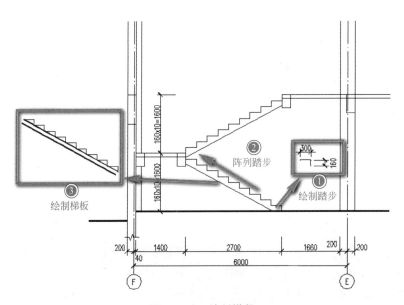

图 7.1-17　绘制梯段

（4）绘制窗户及栏杆扶手

在左侧墙体用"多线（ML）"命令绘制出窗户，并在中间平台用"矩形（REC）"命令绘制出护窗栏杆。

用"直线（L）"命令在第一级踏面上和平台边缘绘制出 900mm 高的栏杆，再用"多段线（PL）"命令将其顶部相连，绘制出扶手，如图 7.1-18 所示。

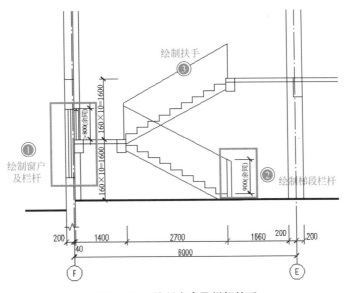

图 7.1-18　绘制窗户及栏杆扶手

（5）修剪和填充图例

用"修剪（TR）"命令将相同材料的被剖切位置修剪整理。用"填充（H）"命令将剖切到的构件填充上相应图例（注意：要明确图案及比例，进行两次填充），如图 7.1-19 所示。

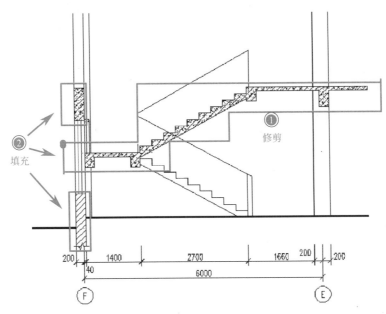

图 7.1-19　修剪和填充图例

121

2. 楼梯中间层剖面绘制

（1）绘制楼梯中间层剖面

用楼梯底层剖面绘制的方法，绘制出中间层剖面。

（2）阵列楼梯中间层剖面

用"阵列（AR）"或"复制（CO）"命令的最佳方式框选楼梯中间层剖面的内容进行阵列，如图 7.1-20 所示。

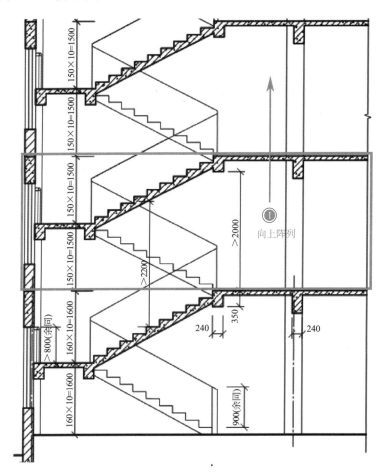

图 7.1-20　楼梯中间层剖面绘制

3. 楼梯顶层剖面绘制

（1）绘制屋面板、雨篷、女儿墙

用"多线（ML）"命令绘制出 100mm 厚的屋面板以及挑出 1000mm 长的雨篷。再用"矩形（REC）"命令绘制 240mm×600mm 的女儿墙，并在上部做 400mm×80mm 的压顶，如图 7.1-21 所示。

（2）绘制顶层构件

用"多段线（PL）"命令绘制出屋面台阶。用"直线（L）"命令绘制女儿墙。用"多线（ML）"命令绘制出门窗，如图 7.1-22 所示。

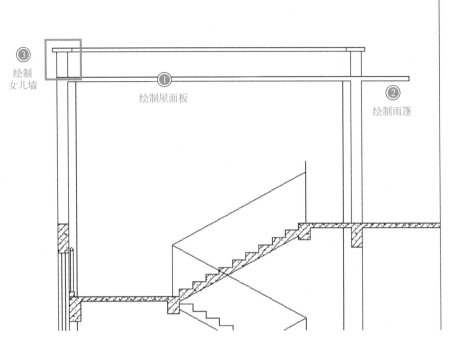

图 7. 1-21　绘制屋面板、雨篷、女儿墙

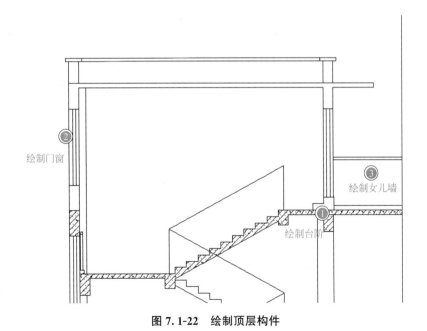

图 7. 1-22　绘制顶层构件

4. 尺寸及文字标注

补齐尺寸、文字标注及标高。其中标注尺寸应该标注出楼梯间总高、层高、门窗洞尺寸、梁高以及各构件尺寸，如图 7.1-23 所示。

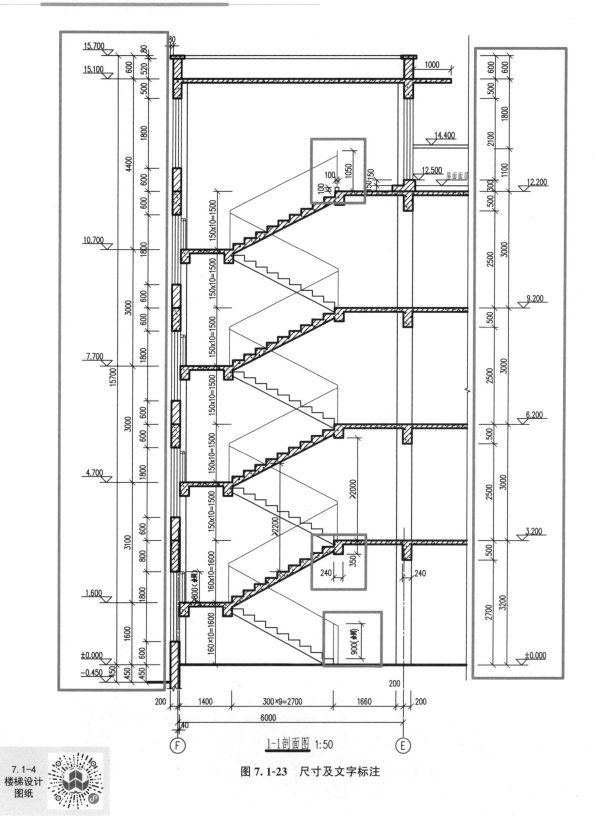

1-1剖面图 1:50

图 7.1-23　尺寸及文字标注

任务 7.2　屋面图样的绘制

7.2.1　屋面构造层次

1. 屋顶防水设计

（1）屋顶防水是使用防水材料以封堵为主的防水构造，使屋顶在排水的过程中不发生渗漏，起到防水的作用。屋面的防水等级和设防要求应符合表 7.2-1 的规定。

屋面的防水等级和设防要求　　　　　　　　　　　　　表 7.2-1

防水等级	建筑类别	设防要求
Ⅰ级	重要建筑和高层建筑	两道防水设防
Ⅱ级	一般建筑	一道防水设防

（2）卷材防水屋顶具有多层次构造的特点，其基本构造层次按其作用分别为：结构层、找平层、结合层、防水层、保护层等。

（3）涂膜防水屋顶是采用可塑性和粘结力较强的高分子涂料，直接涂刷在构件上形成一层满铺的不透水隔膜层，达到屋面防水的目的。涂膜防水屋顶的构造要求及做法类同于卷材防水屋顶。

构造小知识

防水设计应该遵循合理设防、防排结合、因地制宜、综合治理的原则。屋面防水工程应该依据建筑物类别、重要程度、使用功能的要求来确定防水等级，再根据等级要求进行设防。

2. 屋顶保温设计

（1）为了防止室内热量过快散失，一般须在建筑的围护结构中设置保温层以提高屋顶的热阻，使室内有一个舒适的环境。

（2）保温层的材料和构造方案是根据使用需求、气候条件、屋顶形式、防水处理方法、材料种类、施工条件、整体造价等因素，经过综合考虑后确定的。

3. 屋面构造层次

屋面构造层次由下至上为：结构层、找平层、结合层、隔汽层、保温层、找平层、结合层、防水层、保护层等，如图 7.2-1 所示。保温层设置在防水层下面是一种广泛采用的做法，反之则称为"倒置式"保温屋面。

7.2-1
保温层
模型

◆ 构造小知识

　　倒置式屋面又称倒置式保温屋面，将憎水性保温材料设置在防水层上的屋面。其构造层次（自上而下）为保温层、防水层、结构层。这种屋面对采用的保温材料有特殊的要求，应当使用具有吸湿性低，耐气候性强的憎水材料作为保温层（如聚苯乙烯泡沫塑料板或聚氨酯泡沫塑料板），并在保温层上加设钢筋混凝土、卵石、砖等较重的覆盖层。

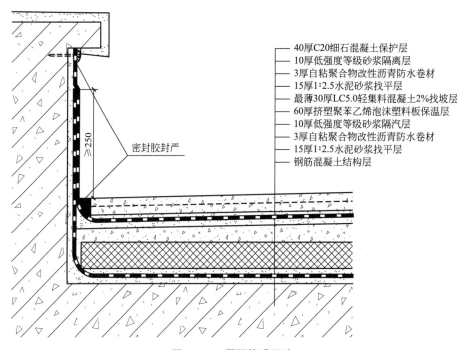

图 7.2-1　屋面构造层次

　　（1）结构层：多为整体刚度好，变形小的各类钢筋混凝土屋顶板。

　　（2）找平层：通常采用 15～20mm 厚的 1：3 水泥砂浆。

　　（3）结合层：加强整体性的同时，扩散隔汽层隔绝的水蒸气。

　　（4）隔汽层：隔绝穿过结构层的室内水蒸气而设。

　　（5）保温层：起保温作用，有的同时找坡构成坡度。保温层的厚度依当地气候和对室温的要求而定。

　　（6）找平层：起找平作用，通常采用 20～30mm 厚的水泥砂浆。

　　（7）结合层：通常使用冷底子油。

　　（8）防水层：使屋顶在排水的过程中不发生渗漏，通常采用沥青卷材。

　　（9）保护层：保护屋面构造层次不受破坏。

　　屋面具体详图构造如图 7.2-2 所示。

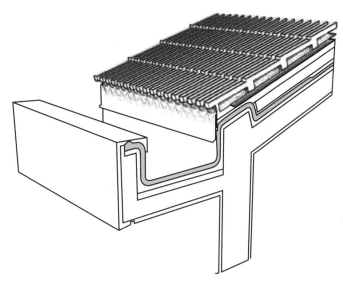

图 7.2-2　屋面构造详图

7.2.2　屋面详图绘制

1. 绘制结构层轮廓及抹灰层

（1）使用"多段线（PL）"命令绘制墙体轮廓。

（2）使用"偏移（O）"命令，偏移出抹灰层，并使用分解命令点击抹灰层轮廓分解后成细实线，如图 7.2-3 所示。

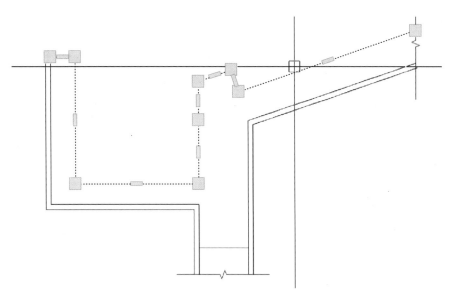

图 7.2-3　绘制结构层轮廓及抹灰层

2. 绘制防水层

（1）将上层轮廓选中合并（图 7.2-3），使用"偏移（O）"命令向上 5mm 偏移 8 次。

（2）将中间的多段线设置宽度为 10mm，线型为虚线，隔一布一，如图 7.2-4 所示。

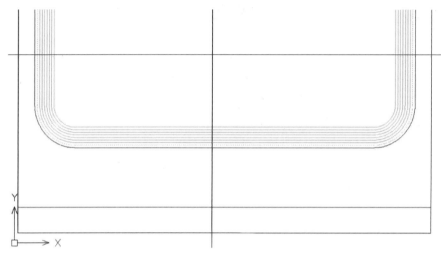

7. 2-3
节点详图
防水层
绘制

图 7.2-4　绘制防水层

3. 填充图例

（1）使用"偏移（O）"命令将上层轮廓线按照构造做法向上偏移出每个构造层次。

（2）修改构造层次轮廓。

（3）使用"填充（H）"命令填充每个构造层次对应的材料图例，如图 7.2-5 所示。

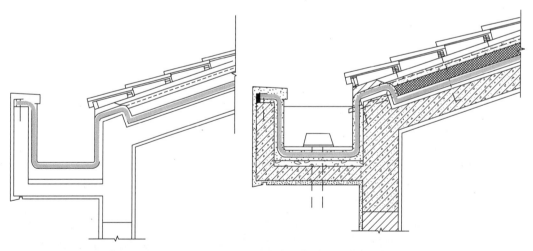

图 7.2-5　屋面填充图例

4. 标注及文字

（1）使用"引线标注（LE）"命令进行构造层次文本标注。

（2）使用"线性标注（DLI）"命令进行尺寸标注，如图 7.2-6 所示。

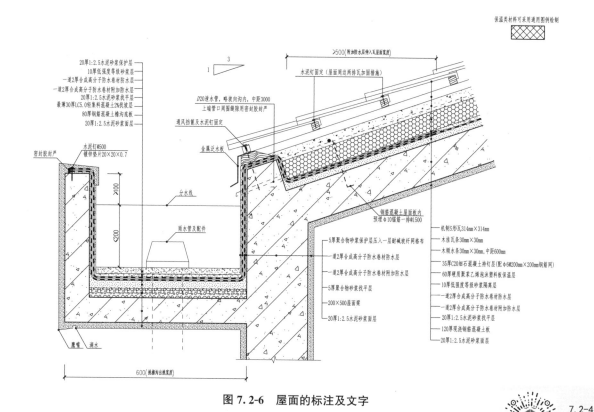

图 7.2-6　屋面的标注及文字

7.2-4
节点构造
图纸

任务 7.3 地下室图样的绘制

7.3.1　地下室的防潮防水

1. 地下室防潮

（1）当最高地下水位低于地下室地坪且无滞水可能时，地下水不会进入地下室。地下室的外墙和底板会受到土层中潮气的影响时，一般只做防潮处理。

（2）地下室防潮是在地下室外墙设置防潮层。其做法是在外墙外侧先抹 20mm 厚 1:2.5 的水泥砂浆（高出散水 300mm 以上），然后涂一道冷底子油和两道热沥青（到散水底），最后回填隔水层。

2. 地下室防水

（1）根据《地下防水工程质量验收规范》GB 50208—2011，地下工程的防水等级分为三级：一级，不允许渗水，结构表面无湿渍；二级，不允许渗水，可有少量湿渍；三级，可有少量渗水点，不得有线流和漏泥沙。

（2）地下室防水的材料主要包括：沥青、防水混凝土、防水涂料、塑料防水板、膨胀土防水材料、防水砂浆及金属防水板等。

7.3.2 地下室变形缝

如图 7.3-1 所示为地下室外墙变形缝处的构造做法。变形缝是地下室最容易发生渗漏的部位，因而地下室尽量不要做变形缝，如必须做则应该采用止水带、遇水膨胀橡胶腻子止水条等高分子防水材料和接缝密封材料做多道防线。

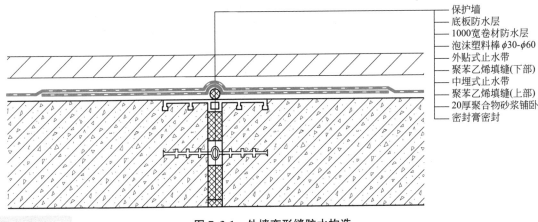

保护墙
底板防水层
1000宽卷材防水层
泡沫塑料棒 φ30-φ60
外贴式止水带
聚苯乙烯填缝(下部)
中埋式止水带
聚苯乙烯填缝(上部)
20厚聚合物砂浆铺卧
密封膏密封

图 7.3-1　外墙变形缝防水构造

7.3-1
地下室
变形缝
图纸

任务 7.4　墙体详图的绘制

7.4.1　墙体详图绘制过程

1. 绘制轮廓和构造层次

（1）使用"多段线（PL）"命令绘制墙体轮廓。

7.4-1
墙身详图
窗台及
墙面构造
绘制

（2）使用"偏移（O）"命令，偏移出抹灰层，并使用分解命令点击抹灰层轮廓分解后成细实线，如图 7.4-1 所示。

2. 填充图例

（1）使用"偏移（O）"命令将上层轮廓线按照构造做法向上偏移出每个构造层次。

（2）修改构造层次轮廓。

（3）使用"填充（H）"命令填充每个构造层次对应的材料图例，如图 7.4-2 所示。

3. 标注及文字

（1）使用"引线标注（LE）"命令进行文本标注。

（2）使用"线性标注（DLI）"命令进行尺寸标注，如图 7.4-3 所示。

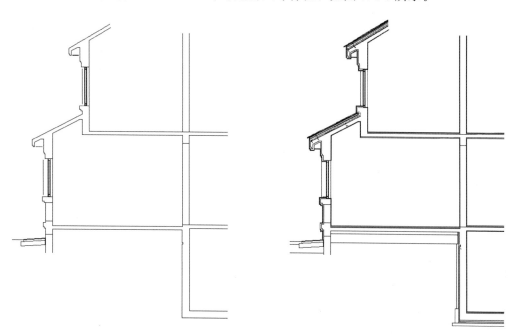

图 7.4-1　墙体详图轮廓和构造层次的绘制

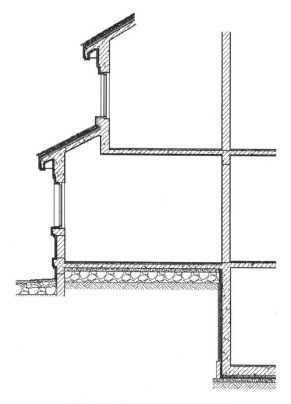

7.4-2
墙体详图
外墙绘制

图 7.4-2　墙体详图的填充图例

131

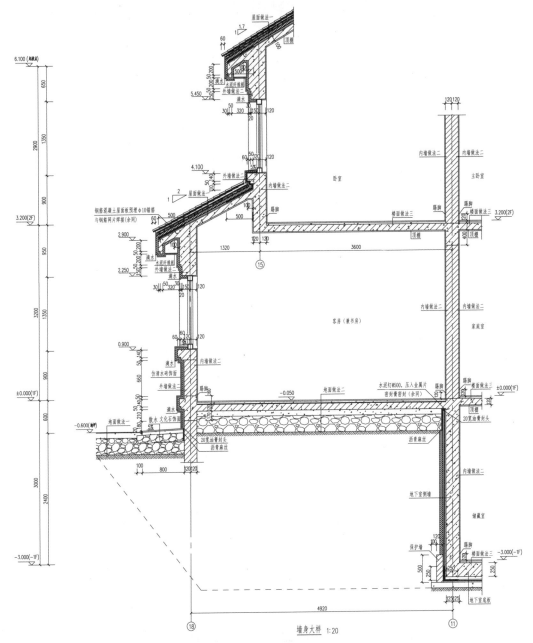

图 7.4-3　墙体详图的标注及文字

7.4.2　墙身详图注意事项

　　1. 檐口底部做水泥纤维板封堵，下部绘制鹰嘴滴水，如图 7.4-4 所示。

　　2. 墙脚散水处用沥青麻丝做伸缩缝，上用油膏封头，如图 7.4-5 所示。

　　3. 内墙踢脚使用暗踢脚，如图 7.4-5 所示。

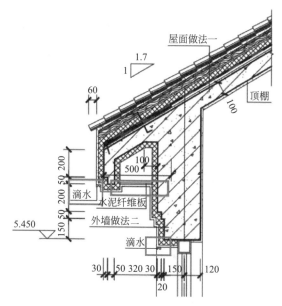

图 7.4-4　檐口底部做法

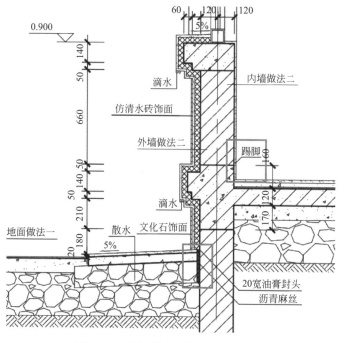

7.4-3
墙体详图
图纸

图 7.4-5　墙脚散水处与内墙踢脚做法

构造小知识

　　楼板层通常由面层、楼板、顶棚三部分组成。地坪层是将地面荷载均匀地传给地基的构件，它由面层、结构层、垫层和素土夯实层等构造层次构成。

基础训练

1. 依据任务 7.1 楼梯设计的要求，完成 2021 年全国职业院校技能大赛（中职组）建筑 CAD 赛项模块二附图中楼梯详图的绘制。

2. 依据任务 7.2 节点构造详图绘制的要求，完成 2021 年全国职业院校技能大赛（中职组）建筑 CAD 赛项模块二附图中节点详图的绘制。

进阶训练

1. 依据 7.3 所学知识绘制地下室变形缝构造详图。

2. 依据任务 7.4 墙身构造详图绘制的要求，完成 2021 年全国职业院校技能大赛（中职组）建筑 CAD 赛项模块二附图中墙身详图的绘制。

3. 依据任务 7.1 楼梯设计的要求，完成 2021 年全国职业院校技能大赛（中职组）建筑 CAD 赛项模块二附图中楼梯扶手详图的绘制。

项目 **8**

Chapter 08

建筑装饰图的绘制

教学目标

1. 知识目标

（1）理解墙面瓷砖镶贴设计图与轻钢龙骨纸面石膏板隔墙设计图的图示内容；

（2）熟悉建筑室内装饰装修制图标准；

（3）掌握建筑装饰 CAD 软件绘图命令。

2. 能力目标

（1）熟练的墙面瓷砖镶贴施工图与轻钢龙骨纸面石膏板隔墙施工图识读能力；

（2）熟练的建筑装饰 CAD 软件操作能力。

3. 思政目标

（1）培养具有良好的建筑装饰图绘制的职业素养及职业规范精神；

（2）培养具有建筑装饰技能的工匠人才。

思维导图

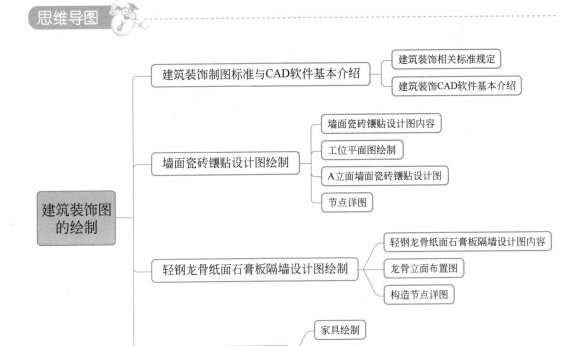

引言

本项目以 2021 年全国职业院校技能大赛建筑装饰技能赛项的赛题为导向，着重介绍用中望建筑 CAD 软件绘制墙面瓷砖镶贴设计图与轻钢龙骨纸面石膏板隔墙设计图。旨在服务大赛的同时，促进中职院校建筑工程技术人才 CAD 技能的培养，培养学生能够准确地绘制符合现行国家标准、规范要求的构造图样和施工图纸，加快专业人才培养步伐。

任务 8.1　建筑装饰制图标准与 CAD 软件的基本介绍

8.1.1　建筑装饰相关标准规定

房屋建筑室内装饰装修材料的图例画法应符合现行国家标准《房屋建筑制图统一标准》GB/T 50001—2017 以及《房屋建筑室内装饰装修制图标准》JGJ/T 244—2011 的相关规定。本任务内容主要针对竞赛中涉及的规范要点、难点做简单介绍。

1. 图线与字体

（1）图线

房屋建筑室内装饰装修图纸中图线的绘制方法及图线宽度应符合现行国家标准《房屋建筑制图统一标准》GB/T 50001—2017 的规定。

房屋建筑室内装饰装修制图应采用实线、虚线、单点长画线、折断线、波浪线、点线、样条曲线、云线等线型。

图线的基本线宽 b，宜按照图纸比例及图纸性质从 1.4mm、1.0mm、0.7mm、0.5mm 线宽系列中选取。房屋建筑室内装饰装修制图常用的线型、线宽规定如下：

1）粗实线 $1.0b$ 主要应用于：平面、立剖面中被剖切到的墙、梁、柱、楼地面等主要结构构件轮廓线。

2）中粗实线 $0.7b$ 主要应用于：装修详图的外轮廓线。

3）中实线 $0.5b$ 主要应用于：室内装饰装修构造详图的一般轮廓线，还有家具线、尺寸线、尺寸界线、索引符号、标高符号、引出线、地面、墙面高差分界线。

4）细实线 $0.25b$ 主要应用于：图形、图例的填充线。

5）其余图线的规定参见《房屋建筑室内装饰装修制图标准》JGJ/T 244—2011。

（2）字体

房屋建筑室内装饰装修制图中手工制图字体的选择、字高及书写规则应符合现行国家标准《房屋建筑制图统一标准》GB/T 50001—2017 的规定。

文字的字高，应从表 8.1-1 中选用。字高大于 10mm 的文字宜采用 True type 字体，如需书写更大的字，其高度应按 $\sqrt{2}$ 的倍数递增。

文字的字高（单位：mm）   表 8.1-1

字体种类	汉字矢量字体	True type 字体及非汉字矢量字体
字高	3.5、5、7、10、14、20	3、4、6、8、10、14、20

　　在本任务后续内容介绍中，会涉及软件自动生成的图层，其线宽也随之自动生成。如若国赛赛卷对图层名称、图层颜色、线型、线宽、文字样式、文字样式名称、字高等有具体要求的，需按赛卷任务书进行相应设置。

2. 常用符号

（1）索引符号

索引符号根据用途的不同，可分为立面索引符号、剖切索引符号、详图索引符号、设备索引符号、部品部件索引符号。

若表示室内立面在平面上的位置及立面图所在图纸编号，应在平面图上使用立面索引符号，如图 8.1-1 所示。

（2）标高符号

标高符号和标注方法应符合现行国家标准《房屋建筑制图统一标准》GB/T 50001—2017 规定。房屋建筑室内装饰装修中，设计空间应标注标高，标高符号可采用等腰直角

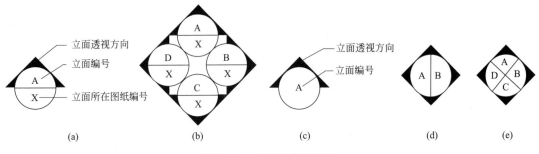

图 8.1-1　常见的索引符号

三角形，也可采用涂黑的三角形成 90°对顶角的圆，标注顶棚标高时，也可采用 CH 符号表示，如图 8.1-2 所示。

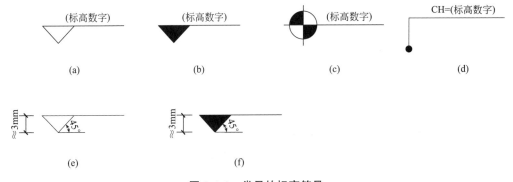

图 8.1-2　常见的标高符号

8.1.2　建筑装饰 CAD 软件基本介绍

中望建筑 CAD 教育版 2022 软件是为建筑设计及相关专业提供的 CAD 绘图系统。软件采用自定义对象技术，以建筑构件作为基本设计单元，具有人性化、智能化、参数化、可视化特征，集二维工程图、三维表现和建筑信息于一体。软件特点如下：

（1）在位编辑：高效、直观地编辑图面的标注字符。

（2）尺寸灵活：编辑门窗其尺寸标注自动更新，尺寸编辑功能强大。

（3）复杂楼梯：支持多种复杂楼梯的创建。

（4）快速成图：体现在易用性、智能化、参数化和批量化上。

（5）自动立剖：依据平面图信息，自动生成立剖图。

（6）标准规范：图层和线型符合标准。

（7）房产面积：按现行标准《房产测量规范》GB/T 17986 自动统计各种房产面积。

（8）图框目录：支持用户和标准图框，自动生成图纸目录。

（9）素材管理：全开放、同模式、易操作、易管理、无限制。

（10）打印输出：提供多比例布图和打印输出的解决方案。

墙面瓷砖镶贴设计图的绘制

8.2.1　墙面瓷砖镶贴设计图内容

依据 2021 年全国职业院校技能大赛中职建筑装饰技能赛项正式赛卷的内容，墙面瓷砖镶贴设计图的主要内容应包括：封面、图纸目录、施工说明、图例、装饰材料表、工位平面图（含立面索引）、A 立面图（含索引、瓷砖排版编号等）、指定位置的剖面及节点大样图等内容。图纸设计满足施工图设计要求，节点构造合理，表达清晰。

8.2.2　工位平面图绘制

1. 绘制轴网

选择屏幕菜单"轴网柱子"→"绘制轴网"（或输入命令"HZZW"），弹出"绘制轴网"对话框，如图 8.2-1 所示。

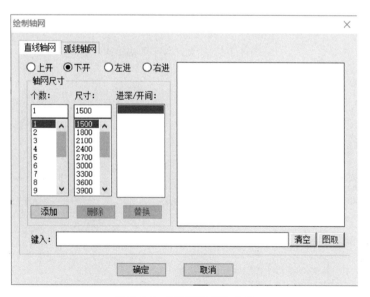

图 8.2-1　"绘制轴网"命令

在"绘制轴网"对话框中，选择"直线轴网"选项卡。按照竞赛工位尺寸要求对"轴网尺寸"进行相应的"添加"与"键入"。如图 8.2-2 所示，输入轴网尺寸的方式有以下两种方法：

（1）在"个数"中选择个数，在"尺寸"下方双击数据生效，适用于开间或进深等间距的轴网。

（2）直接在"键入"一栏中输入数据，数据间需用空格隔开。

小提示

　　若上、下开间数据一样，可不必再点击"下开间"按钮，左、右进深输入同理。所有的轴网尺寸输入时，均以左下角两轴线交点为基准点。在输入最后一个开间或进深尺寸后，仍需添加空格，否则最后一个数据无效。

8.2-1
绘制轴网

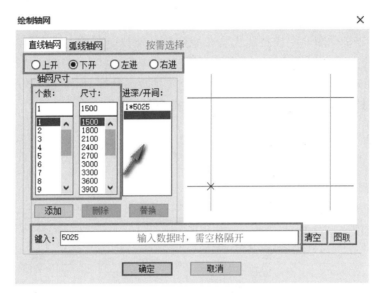

图 8.2-2　绘制工位平面图轴网

2. 绘制墙体

选择屏幕菜单"墙梁板"→"创建墙梁"（或单击鼠标右键，选择"创建墙梁"；或输入命令"CJQL"），弹出"墙体设置"对话框，设置墙体厚度，如图 8.2-3 所示。

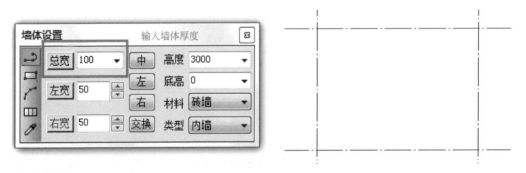

图 8.2-3　绘制工位墙体

按照竞赛工位尺寸要求完成工位墙体以及横梁地台的绘制，如图 8.2-4 所示。

3. 绘制尺寸标注、轴网标注、文字标注、内饰符号以及图名标注

（1）尺寸标注

建筑装饰图中细部尺寸的绘制采用"逐点标注"。

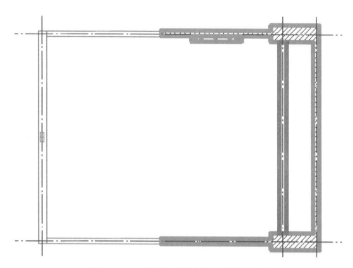

图 8.2-4 绘制工位墙体与横梁地台

选择屏幕菜单"尺寸标注"→"逐点标注"（或在绘图界面单击鼠标右键，选择"逐点标注"；或输入命令"ZDBZ"），弹出"逐点标注"对话框，绘制尺寸标注，如图 8.2-5 所示。

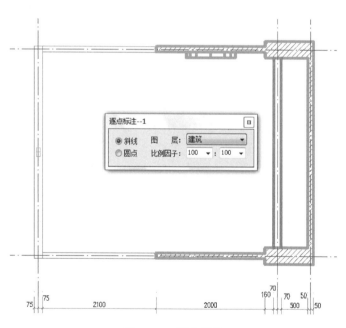

图 8.2-5 逐点标注

如需修改标注样式，可以通过标注样式管理器进行修改。也可使用"剪切（TR）"命令对连续的逐点标注进行修剪。

（2）轴网标注

轴网标注包含轴号标注和尺寸标注两部分，由软件自动生成。

选择屏幕菜单"轴网柱子"→"轴网标注"（或输入命令"ZWBZ"）→分别点击起

止轴线进行标注，绘制轴网标注，如图 8.2-6 所示。

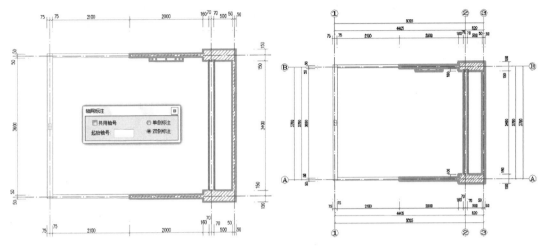

图 8.2-6　轴网标注

（3）文字标注

1）单行文字：选择屏幕菜单"文表符号"→"单行文字"，在弹出的"单行文字"对话框中输入所需的文字，并按照要求修改文字样式、对齐方式、字高等，如图 8.2-7 所示。

图 8.2-7　单行文字

> **小提示**
>
> 　　在单行文字对话框中，勾选"背景屏蔽"，就可对文字背后的内容进行屏蔽，在移动文字时，遮挡关系也随之移动。

2）箭头引注：选择屏幕菜单"文表符号"→"箭头引注"，在弹出的"箭头文字"对话框中输入所需的文字，并按照要求修改文字样式、对齐方式、箭头样式、箭头大小、字高等，如图 8.2-8 所示。

（4）内饰符号

选择屏幕菜单"图块图案"→"图库管理"，在弹出的"图库管理"对话框中选择合适的内饰符号放入图中即可，如图 8.2-9 所示。

（5）图名标注

选择屏幕菜单"文表符号"→"图名标注"（或输入命令"TMBZ"），在弹出的"图

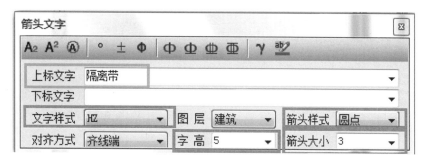

图 8.2-8　箭头引注

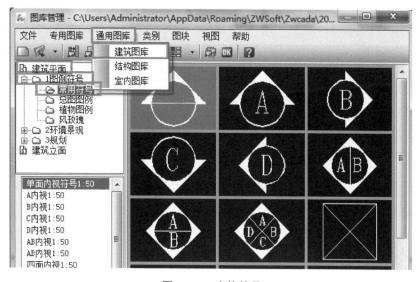

图 8.2-9　内饰符号

名标注"对话框中，输入图名和比例，文字高度按照标准的要求设置，下划线样式选择默认的国标样式，如图 8.2-10 所示。

图 8.2-10　图名标注

最终绘制完成的工位平面图，如图 8.2-11 所示。

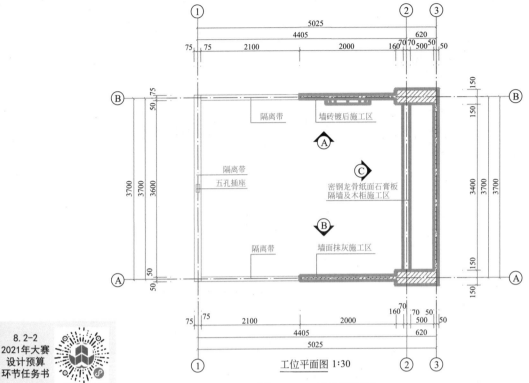

图 8.2-11　工位平面图

8.2.3　A 立面墙面瓷砖镶贴设计图

1. 绘制立面框架

根据工位平面图相关尺寸，灵活使用"直线（L）、偏移（O）、复制（CO）、矩形（REC）"等命令绘制 A 立面框架，如图 8.2-12 所示。

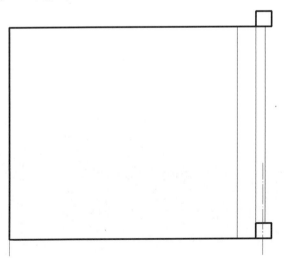

图 8.2-12　绘制立面框架

2. 绘制墙面瓷砖图

根据设计的相关尺寸，灵活使用"直线（L）、偏移（O）、复制（CO）、矩形（REC）、阵列（AR）"等命令绘制墙面瓷砖，如图 8.2-13 所示。

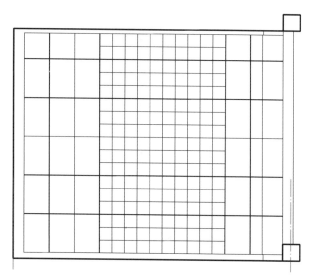

图 8.2-13 绘制墙面瓷砖图

3. 绘制墙面瓷砖拼花图

根据赛卷任务要求，进行瓷砖拼花图设计。并灵活使用"填充（H）、偏移（O）、复制（CO）、矩形（REC）、圆（O）、剪切（TR）"等命令绘制墙面瓷砖拼花图，如图 8.2-14 所示。

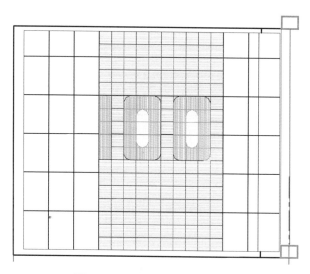

图 8.2-14 绘制墙面瓷砖拼花图

4. 绘制尺寸标注、索引符号、箭头引注、轴网标注与图名标注

根据设计的相关尺寸，灵活使用"逐点标注（ZDBZ）、索引符号（SYFH）、箭头引

注（JTYZ）、轴网标注（ZWBZ）、图名标注（TMBZ）"等命令绘制墙面瓷砖图的符号与标注，即可完成 A 立面墙面瓷砖镶贴设计图的绘制，如图 8.2-15 所示。

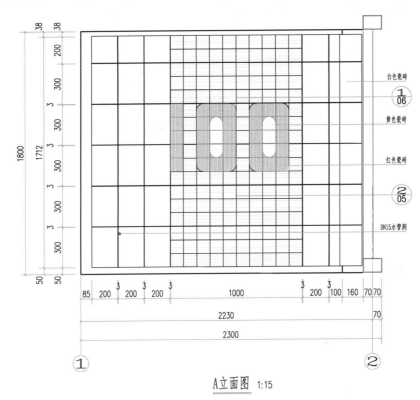

图 8.2-15　绘制尺寸标注、索引符号、箭头引注、轴网标注与图名标注

8.2.4　节点详图

此小节内容以瓷砖镶贴构造做法详图为例。

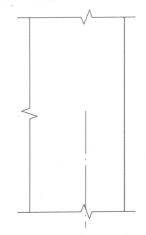

图 8.2-16　绘制墙体定位线及折断符号

1. 绘制墙体定位线及折断符号

根据相关尺寸，灵活使用"直线（L）、折断符号（ZDFH）"等命令绘制墙体定位线及折断符号，如图 8.2-16 所示。

2. 绘制瓷砖镶贴构造做法层次

根据相关尺寸与要求，灵活使用"直线（L）、矩形（REG）、偏移（O）、复制（CO）"等命令绘制瓷砖镶贴构造做法层次，如图 8.2-17 所示。

3. 绘制瓷砖镶贴构造层填充

根据相关尺寸与要求，灵活使用"填充（H）"等命令绘制瓷砖镶贴构造层填充，如图 8.2-18 所示。

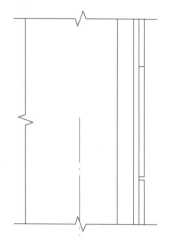

图 8.2-17　瓷砖镶贴构造做法层次

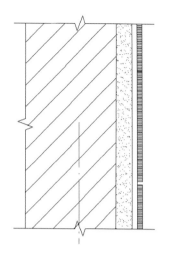

图 8.2-18　绘制瓷砖镶贴构造层填充

4. 绘制箭头引注、图名标注与轴号

根据相关尺寸与要求，灵活使用"直线（L）、圆（O）、偏移（O）、复制（CO）、单行文字（DHWZ）、图名标注（TMBZ）"等命令绘制瓷砖镶贴构造做法详图的符号与图名，即可完成瓷砖镶贴构造做法详图的绘制，如图 8.2-19 所示。

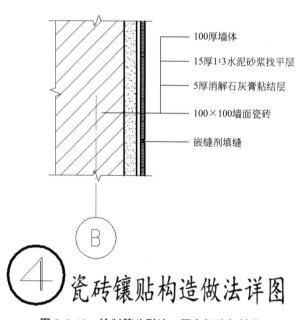

图 8.2-19　绘制箭头引注、图名标注与轴号

■■▪ 知识拓展

　　在绘制墙面瓷砖镶贴施工图之前，需对每一幅图纸选择合适的绘图比例。软件的默认比例为 1：100，改变当前比例有以下几种方法：

方法一：通过屏幕菜单命令"全局设置"或输入命令"QJSZ"进行比例修改。

方法二：通过屏幕菜单命令"当前比例"或输入命令"DQBL"进行比例修改。

方法三：点击软件左下角黑三角选择当前比例进行调整。

方法四：通过屏幕菜单命令"文件布图"中的"改变比例"，进行比例修改。

任务 8.3 轻钢龙骨纸面石膏板隔墙设计图的绘制

8.3.1 轻钢龙骨纸面石膏板隔墙设计图内容

依据 2021 年全国职业院校技能大赛中职建筑装饰技能赛项正式赛卷的内容，轻钢龙骨纸面石膏板隔墙设计图的主要内容应包括：封面、图纸目录、施工说明、图例、装饰材料表、工位平面图（含立面索引）、A 立面图（含索引、瓷砖排版编号等）、指定位置的剖面及节点大样图等内容。图纸设计满足施工图设计要求，节点构造合理，表达清晰。

其中，工位平面图绘制与前面"8.2.2 工位平面图绘制"方法一致，不再赘述。

8.3.2 龙骨立面布置图

1. 绘制轴网、墙体以及横梁地台

根据工位平面图相关尺寸，灵活使用"直线（L）、偏移（O）、复制（CO）"等命令绘制轴网、墙体以及横梁地台，如图 8.3-1 所示。

图 8.3-1 绘制轴网、墙体以及横梁地台

2. 绘制龙骨布置图

根据赛卷任务要求，进行龙骨立面布置设计，并灵活使用直线（PL）、复制（CO）、矩形（REC）、剪切（TR）、移动（M）、镜像（MI）等命令绘制龙骨布置图，如图 8.3-2 所示。

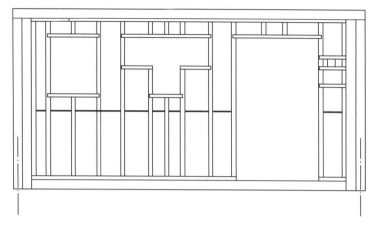

图 8.3-2　绘制龙骨

3. 绘制索引符号、尺寸标注、标高标注、轴网标注与图名标注

根据相关设计尺寸，灵活使用索引符号（SYFH）、尺寸标注（ZD）、标高标注（BG-BZ）、轴网标注（ZWBZ）、图名标注（TMBZ）等命令绘制索引符号、尺寸标注、标高标注、轴网标注与图名标注，即可完成龙骨立面布置图的绘制。如图 8.3-3 所示。

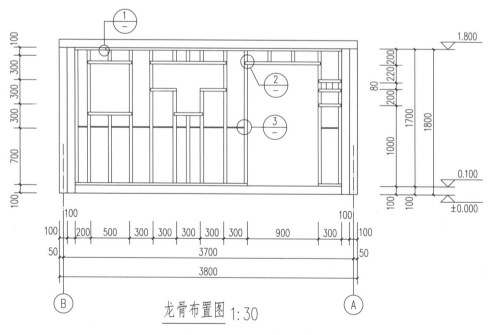

龙骨布置图 1:30

图 8.3-3　绘制符号与标注

8.3.3　构造节点详图

此小节内容以隔墙与墙体连接节点详图为例。

1. 绘制横梁地台定位线、墙体以及折断线

根据相关尺寸，灵活使用"直线（L）、折断符号（ZDFH）"等命令绘制横梁地台定位线、墙体以及折断线，如图 8.3-4 所示。

2. 绘制龙骨、石膏板以及紧固件

根据相关设计，灵活使用"直线（L）、剪切（TR）、图库管理（TKGL）"等命令绘制龙骨、石膏板以及紧固件，如图 8.3-5 所示。

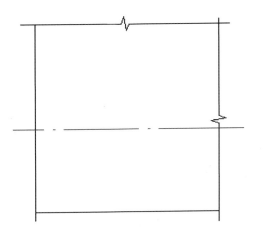

图 8.3-4　绘制横梁地台定位线、墙体以及折断线

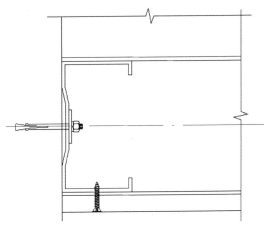

图 8.3-5　绘制龙骨、石膏板以及紧固件

3. 绘制填充部分内容

根据任务要求，灵活使用"填充（H）"等命令绘制填充部分内容，如图 8.3-6 所示。

4. 绘制箭头引注以及图名标注

8.3-1
轻钢龙骨纸面
石膏板隔墙
与墙体连接
节点详图

根据任务要求，灵活使用"箭头引注（JTYZ）、图名标注（TMBZ）、圆（C）"等命令绘制填充部分内容，即可完成隔墙与墙体连接节点详图的绘制，如图 8.3-7 所示。

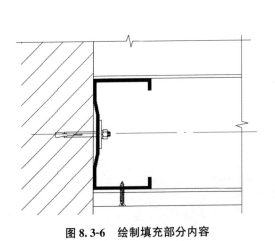

图 8.3-6　绘制填充部分内容

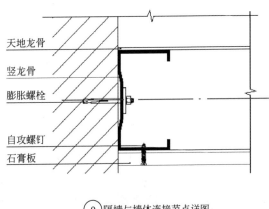

天地龙骨

竖龙骨

膨胀螺栓

自攻螺钉

石膏板

⑨隔墙与墙体连接节点详图

图 8.3-7　绘制箭头引注以及图名标注

任务 8.4　常见建筑装饰图形的绘制

8.4.1　家具绘制

中望建筑 CAD 软件有三种方式绘制家具：图库管理、快速插块和建筑模块。

1. 图库管理

（1）通用图库：选择屏幕菜单"图块图案"→点击"图库管理"，或直接输入命令"TKGL"，弹出"图库管理"对话框。点击"通用图库"→"室内图库"→在"室内平面"或"室内立面"图库中选择平面图以及立面图所需要的家具图块，如图 8.4-1～图 8.4-3 所示。

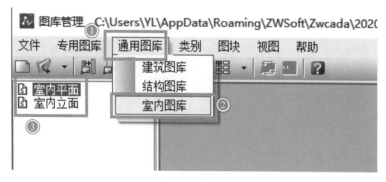

图 8.4-1　插入"通用图库"家具图块

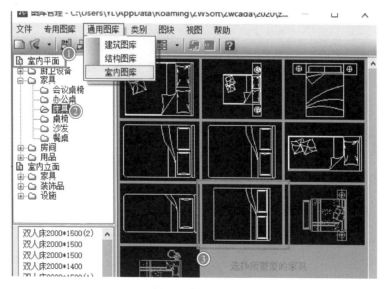

图 8.4-2　插入"室内平面"家具图块

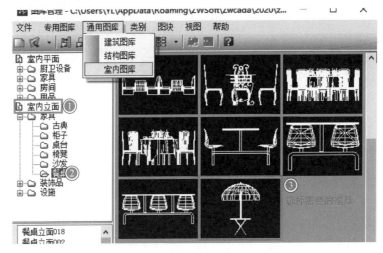

图 8.4-3　插入"室内立面"家具图块

（2）专用图库：选择屏幕菜单"图块图案"→点击"图库管理"，弹出"图库管理"对话框，点击"专用图库"→在图库中选择所需要的家具图块，如图 8.4-4、图 8.4-5 所示。

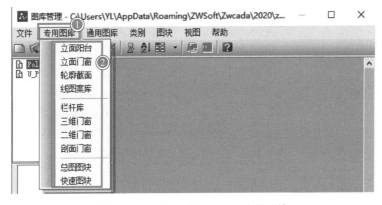

图 8.4-4　插入"专用图库"家具图块

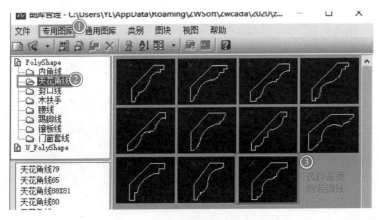

图 8.4-5　插入石膏角线等家具图块

2. 快速插块

选择屏幕菜单"快速插块"（或直接输入命令"KSCK"，或在绘图界面单击鼠标右键的快捷菜单调用），弹出"快速插块"对话框。其中的图块均为动态块，不仅能切换平面图案类型，部分图块还能调整方向和长度，如图 8.4-6 所示。

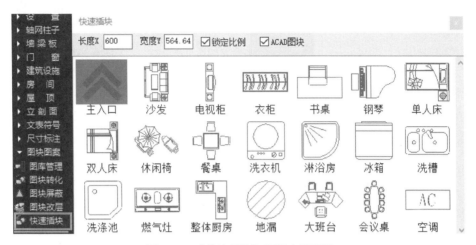

图 8.4-6　"快速插块"调用家具图块

3. 建筑模块

在工具栏中选择"工具选项板"，弹出"工具选项板-所有选项板"对话框，选择其中的"建筑"模块，即可调用家具图块，如图 8.4-7 所示。

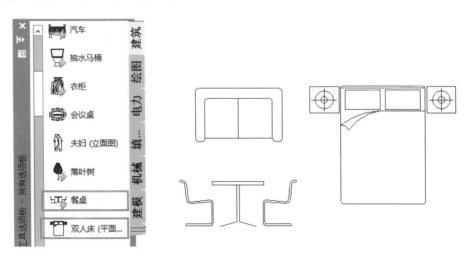

图 8.4-7　"工具选项板—建筑"调用家具图块

 小提示

　　在图标右下角带有 ⚡ 标志的图块，均为动态块，可以切换平、立面。

8.4-1
家具布置

8.4.2 地面填充

中望建筑 CAD 软件有两种方式绘制地面填充：填充命令和图案填充。

1. 填充命令

建筑装饰施工图中若对地砖有明确的尺寸标注，在绘制地砖时，需要精确填充，建议使用填充命令"H"进行绘图。例如：绘制地砖尺寸为 350×350 的地面填充。

输入填充命令"H"→弹出"填充"对话框→选择"图案填充"→将"类型"改为"用户定义"→勾选"双向"→将间距修改为 350。如对填充有角度要求，还可在"角度和比例"中调整"角度"，如图 8.4-8 所示。

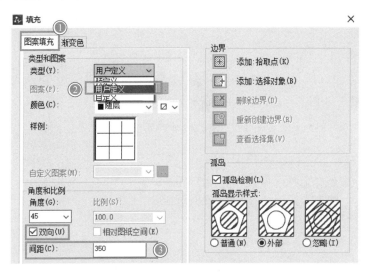

图 8.4-8 "填充"设置

2. 图案填充

选择屏幕菜单"图块图案"→"图案填充"→弹出"图案填充"对话框→点击左侧图框→弹出"选择图案"对话框→双击所需要的图案，对目标图形进行填充即可，如图 8.4-9 所示。

图 8.4-9 "图案填充"设置

知 识 拓 展

在绘制建筑装饰施工图时，若遇到一些复杂的地面铺装造型，且软件中没有相应的填充图案能直接调用，这时需要绘图者在软件中自定义图案填充样式。操作要点如下：

（1）先根据地面铺装造型，绘制出填充图案的单个图例。

（2）选择屏幕菜单命令"图库管理"，点击"新建"图标。

（3）根据命令栏提示，输入新建图案名称。

8.4-2
图案填充

（4）选择屏幕菜单命令"图案填充"，调用新建的填充图案，依据命令栏提示，指定基点，选择横向间距、竖向间距，即可完成新图案的填充操作。

8.4.3　顶面绘制

在建筑装饰施工图中，顶面布置造型复杂、图线多、绘图难度相对较大，因此在绘制顶面布置图时，需要注意绘图思路与步骤。

1. 顶面造型绘制

根据相关尺寸与要求，灵活使用"直线（L）、偏移（O）、复制（CO）、矩形（REC）、剪切（TR）"等命令绘制顶面造型，如图 8.4-10 所示。

2. 灯具布置

在"工具选项版"窗口中调用图块，点击动态块，切换为平面，将调出的灯具图块居中布置在顶面，并调整好灯具尺寸，如图 8.4-11 所示。

图 8.4-10　顶面造型绘制

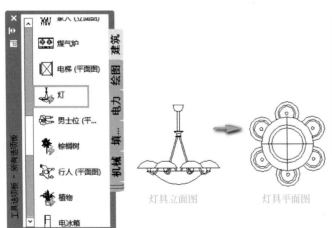

灯具立面图　　　灯具平面图

图 8.4-11　灯具布置

3. 注释内容

根据标高标注，可知门厅轻钢龙骨纸面石膏板吊顶高度为 2900mm 和 2700mm，原顶高度为 3000mm。

选择屏幕菜单命令"尺寸标注"→"标高标注"，在弹出的"建筑标高"对话框中，勾选"手工输入"，不勾选"连续标注"，修改字高为"3"，输入所需标注的尺寸，如图 8.4-12 所示。

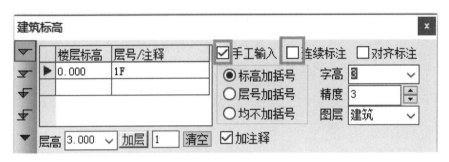

图 8.4-12　标高标注

根据相关尺寸与要求，灵活使用"逐点标注（ZDBZ）、箭头引注（JTYZ）"等命令绘制顶面布置图的绘制，如图 8.4-13 所示。

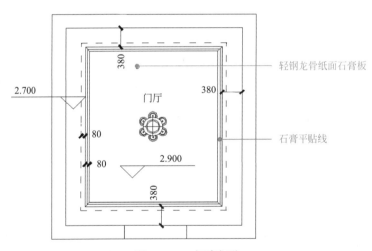

图 8.4-13　标高标注

8.4-3
基础训练
（工位平面图）

1. 依据任务 8.2 墙面瓷砖镶贴设计图的绘制要求，完成 2021 年全国职业院校技能大赛（中职组）建筑装饰赛项工位平面图与瓷砖镶贴构造节点详图的绘制。

8.4-4
基础训练
（瓷砖镶贴
构造节点
详图）

2. 依据任务 8.3 轻钢龙骨纸面石膏板设计图的绘制要求，完成 2021 年全国职业院校技能大赛（中职组）建筑装饰赛项隔墙与墙体连接构造节点详图的绘制。

进 阶 训 练

1. 依据 2021 年全国职业院校技能大赛（中职组）建筑装饰赛项 "建筑装饰技能赛项设计预算环节" 赛卷任务书要求，完成墙面瓷砖镶贴设计图。

8.4-5
进阶训练
（墙面瓷砖
镶贴设计图）

2. 依据 2021 年全国职业院校技能大赛（中职组）建筑装饰赛项 "建筑装饰技能赛项设计预算环节" 赛卷任务书要求，完成轻钢龙骨纸面石膏板隔墙设计图。

8.4-6
进阶训练
（轻钢龙骨
纸面石膏板
隔墙设计）

图形输出

教学目标

1. 知识目标

（1）理解模型空间与图纸空间的概念及其相互之间的切换操作；

（2）熟悉视口创设与视口比例设置；

（3）掌握页面设置与打印设置。

2. 能力目标

（1）熟练创建布局并进行打印设置；

（2）熟练打印并输出图纸。

3. 思政目标

（1）培养具有正确建筑 CAD 图形输出的职业素养；

（2）培养具有规范与标准意识的工匠精神。

思维导图

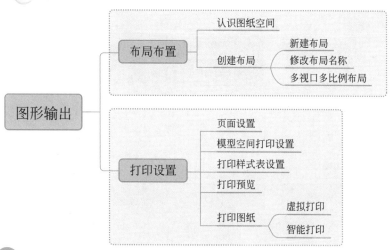

引文

　　图纸是工程师的语言。建筑图形绘制完成后，需将图形通过打印输出成为图纸，实现观察、展示、交流与指导实际施工等目的。

　　为了便于输出各种规格的图纸，CAD 软件系统提供了两种工作空间，即：模型空间和图纸空间。此外，用户还可以为图形创建多个布局图，以适应各种不同的要求。本项目介绍了打印输出图形的方法，使用模型空间与图纸空间两种不同打印形式来输出图纸。

任务 9.1 布局设置

9.1.1 打开图形

打开已保存的文件"建筑平面图 .dwg"，如图 9.1-1 所示。

知识拓展

　　认识图纸空间：

　　图纸空间是针对图纸的布局空间，又称为布局空间，如图 9.1-2 所示。

　　图纸空间模拟图纸页面，是为绘制图形而准备的一张虚拟图纸。可放置标题栏或其他图形，可以在图形中创建多个布局以显示不同视图，每个布局可以包含不同的打印比例和图纸尺寸。

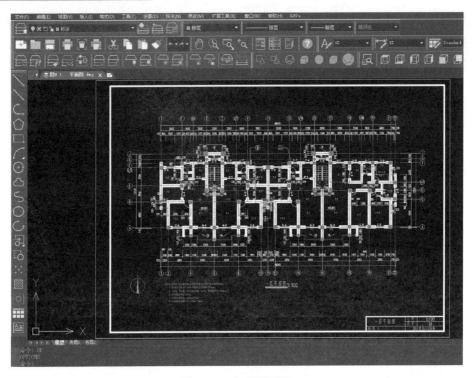

图 9.1-1　打开平面图

图 9.1-2　图纸空间

凡在图纸空间绘制的图形在模型空间中不显示，因此一般不在图纸空间内创建图形，只在该空间输出图形。

图纸空间与模型空间的切换可以通过点击"模型"与"布局"选项卡来实现，如图 9.1-3 所示。

图 9.1-3　空间切换选项卡

9.1.2　创建布局

CAD 软件默认提供两个布局，可以直接点击这两个布局，对其进行修改与设置，也可以新建布局。

1. 新建名称为"PDF-A3"的布局

（1）方法一

选择菜单"插入""布局""新建布局"命令，如图 9.1-4 所示，在命令栏中输入新布局名称"PDF-A3"，完成新布局创建。

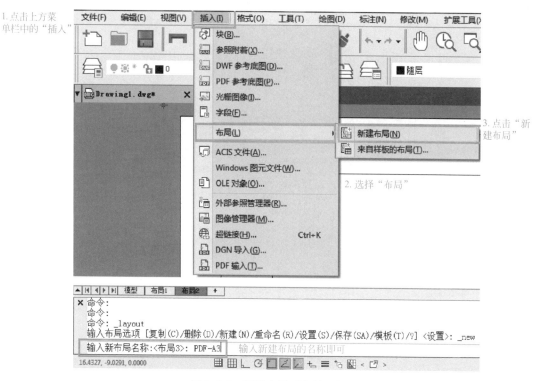

图 9.1-4　新建布局（方法一）

（2）方法二

点击"布局"选项卡点击鼠标右键选择"新建"，如图 9.1-5 所示，完成新布局创建。

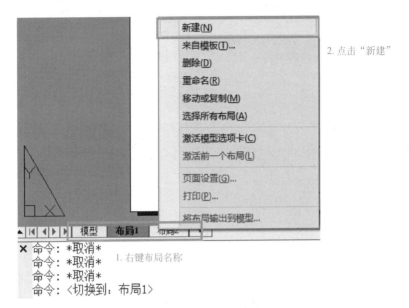

图 9.1-5　新建布局（方法二）

2. 将布局重命名为"PDF-A3"

点击"布局"选项卡点击鼠标右键选择"重命名"，如图 9.1-6 所示。

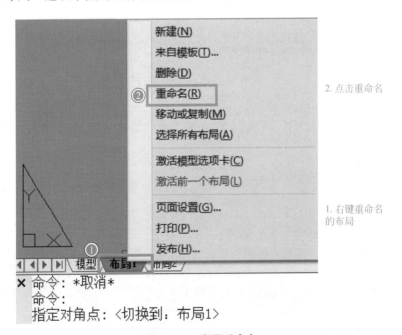

图 9.1-6　布局重命名

弹出"重命名布局"对话框，如图 9.1-7 所示，输入新布局名称，点击"确定"，完成布局重命名。

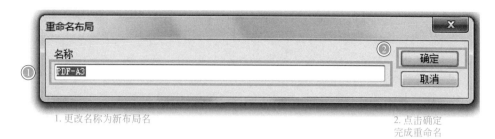

图 9.1-7　输入新布局名称

3. 创建多视口多比例布局

（1）第一步：选择菜单"视图"→"视口"，如图 9.1-8 所示。

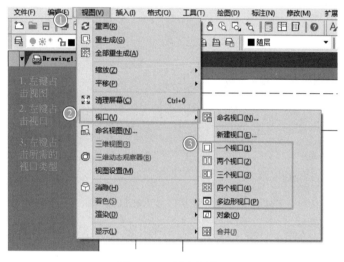

图 9.1-8　创建多视口

（2）第二步：选择所需的视口类型"三个视口"，完成多视口创建，如图 9.1-9 所示。

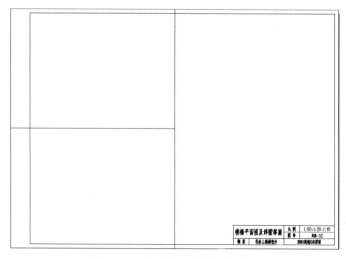

图 9.1-9　完成"三个视口"创建

（3）第三步：将图形分别放入对应视口内输入命令"CH"打开"特性栏"，在"注释比例"或"标准比例"中对每个视口的比例按照图中要求进行修改，完成多视口多比例布局创建，如图 9.1-10 所示。

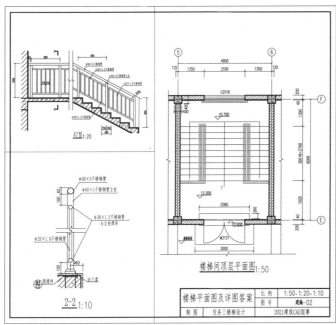

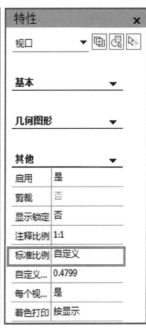

更改标准比例使得比例与图纸比例相同

图 9.1-10　多视口多比例布局创建

任务 9.2　打印设置

9.2.1　打开图形

打开已保存的文件"建筑平面图.dwg"，如图 9.1-1 所示。

知识拓展

认识模型空间：

模型空间是绘图和设计工作的空间，二维和三维图形的绘制和编辑都是在模型空间中进行的。

在模型空间中，每个视口都包含对象的一个视图。例如：设置不同的视口会得到俯视图、正视图、侧视图和立体图等。

9.2.2　模型空间打印设置

步骤 1：输入"Ctrl＋P"命令，弹出对话框"打印-Model"，如图 9.2-1 所示。

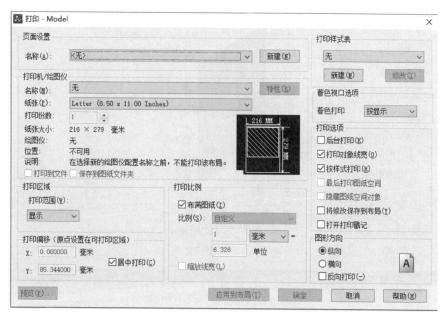

图 9.2-1　进入"打印-Model"菜单

步骤 2：在"打印机/绘图仪"模块中的"名称"栏中选择"DWG to PDF.pc5"，如图 9.2-2 所示。

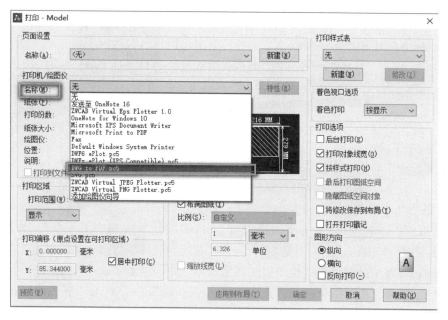

图 9.2-2　选择"名称"

步骤 3：在"打印机/绘图仪"模块中的"纸张"栏中选择相应的图纸规格，如图 9.2-3 所示。

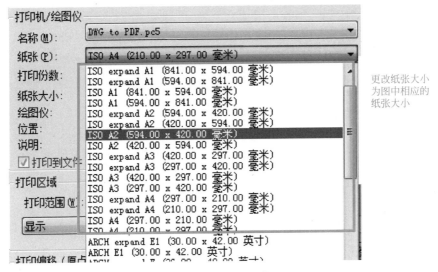

图 9.2-3 选择"纸张"

步骤 4：点击"打印机/绘图仪"模块中的"特性"，进行相应的修改，如图 9.2-4 所示。

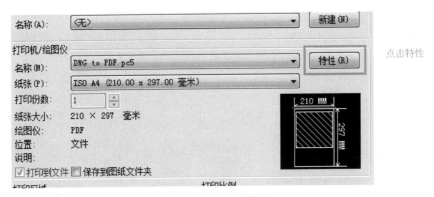

图 9.2-4 修改"特性"

步骤 5：点击对话框中的"修改标准图纸尺寸"，进行相应的修改，如图 9.2-5 所示。

步骤 6：点击"修改"，弹出对话框"自定义图纸尺寸-可打印区域"，将"上、下、左、右"的数值都修改为 0，如图 9.2-6 所示。

步骤 7：点击对话框"自定义图纸尺寸-可打印区域"中的"下一步"，弹出对话框"自定义图纸尺寸-完成"，点击"完成"，完成"可打印区域"修改，如图 9.2-7 所示。

步骤 8：在弹出的对话框"绘图仪配置编辑器"中，点击"确定"，如图 9.2-8 所示。

步骤 9：在弹出的对话框"自定义图纸尺寸-文件名"中，点击"下一步"，完成"特性"修改，如图 9.2-9 所示。

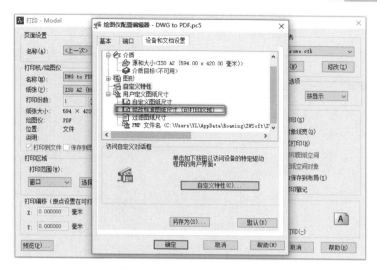

图 9.2-5　修改标准图纸尺寸

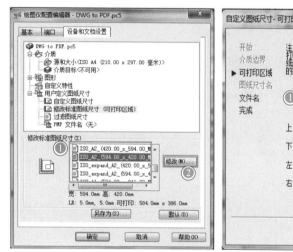 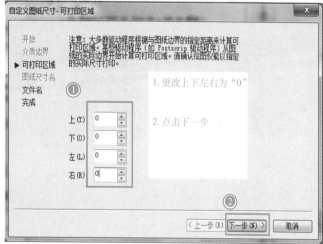

图 9.2-6　修改"自定义图纸尺寸-可打印区域"

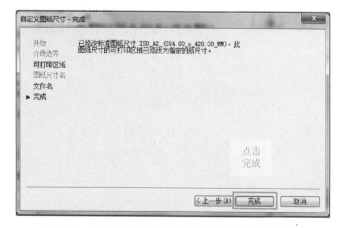

图 9.2-7　完成"自定义图纸尺寸-可打印区域"修改

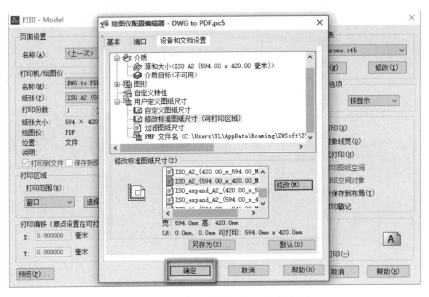

图 9.2-8 完成"标准图纸尺寸"修改

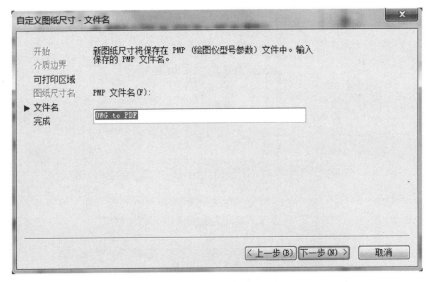

图 9.2-9 完成"特性"修改

步骤 10：在对话框"打印-Model"中，选择"打印样式表"中"Monochrome.ctb"，将打印的图形设置为单色打印，如图 9.2-10 所示。

步骤 11：在对话框"打印-Model"中，选择"打印范围"为"窗口"，并勾选"居中打印""布满图纸"，完成模型空间打印设置，如图 9.2-10 所示。

9.2.3 页面设置

步骤 1：点击"布局 1"选项卡将鼠标箭头放置在"布局 1"选项卡上单击鼠标右键点

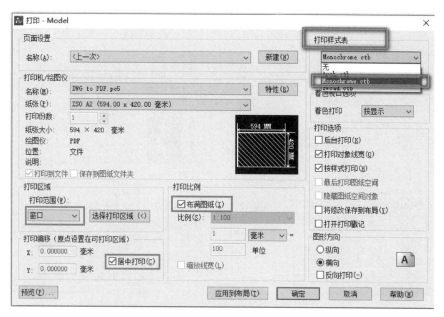

图 9.2-10　设置单色打印；勾选"居中打印""布满图纸"，选择"打印范围"

击"页面设置"选项，如图 9.2-11 所示。

步骤 2：在对话框"页面设置管理器"中点击"布局 1"点击"修改"，如图 9.2-12 所示。

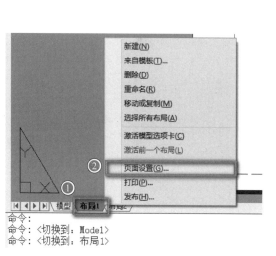

图 9.2-11　调出"页面设置"对话框　　　　图 9.2-12　调出"页面设置管理器"对话框

步骤 3：在弹出的对话框"打印设置"中完成相应的修改（具体步骤参考：9.2.2 模型空间打印设置），如图 9.2-13 所示。

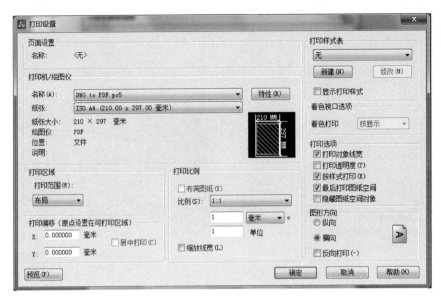

图 9.2-13　完成"打印设置"

> ### 知识拓展
>
> 认识打印样式表：
>
> 在中望 CAD 里，打印样式表可以指定 CAD 图纸里的线条、文字、标注等各个图形对象在打印时的颜色与线条宽度等。
>
> 软件有两种不同类型的打印样式表：颜色相关打印样式表与命名打印样式表。
>
> （1）颜色相关打印样式表
>
> 颜色相关打印样式表里包含了 255 个打印样式，每个打印样式对应一种颜色，使用这种打印样式表后，图纸文件中各种颜色的图形对象就按照打印样式表中对应颜色的样式进行打印。
>
> 比如：将白色的打印样式设置为打印成黑色、打印的线宽为 0.5mm。那么，图纸文件中的白色图形对象就被打印成线宽为 0.5mm 的黑色图形。
>
> （2）命名打印样式表
>
> 命名打印样式表里包含了若干命名的打印样式，如"实线"打印样式、"细实线"打印样式等，这些打印样式可以任意增添或删减。
>
> 绘图时将命名打印样式表中的某个打印样式指定给某个图层，被指定图层上的图形对象就按指定的打印样式进行打印；或者在绘图时将命名打印样式表中的某个打印样式指定给某个对象，被指定的图形对象也就按照指定的打印样式进行打印。

9.2.4　打印样式表设置

步骤 1：输入"Ctrl＋P"命令，弹出对话框"打印-Model"，在"打印样式表"模块中选择"新建",如图 9.2-14 所示。

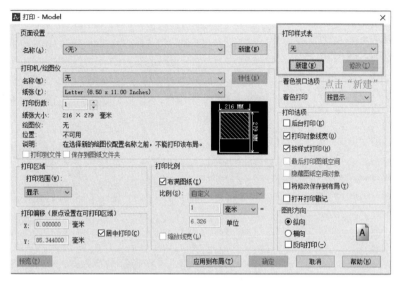

图 9.2-14　新建"打印样式表"

步骤 2:在弹出的对话框"添加颜色相关打印样式表-开始"中,勾选"使用草稿创建"选项点击"下一步",如图 9.2-15 所示。

步骤 3:在弹出的对话框"添加颜色相关打印样式表-表名称"中,重新命名"打印样式表名称"为"A3"点击"下一步",如图 9.2-16 所示。

图 9.2-15　添加"颜色相关打印样式表"

图 9.2-16　新建"打印样式表"

步骤 4:在弹出的对话框"添加颜色相关打印样式表-完成"中,点击"打印样式表编辑器"点击"完成",如图 9.2-17 所示。

步骤 5:在弹出的对话框"打印样式编辑器-A3.ctb"中,切换到"表格视图"选项卡,对相关颜色设置线宽和线型,完成后点击"确定",如图 9.2-18 所示。

9.2-1
打印样式表
设置

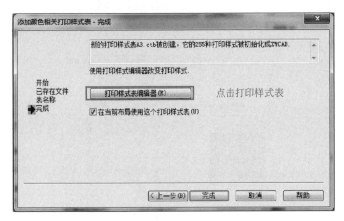 

图 9.2-17　打开"打印样式表编辑器"　　　图 9.2-18　设置相关颜色线宽和线型

9.2.5　打印预览

一般来说，在页面设置完成后，都要进行打印预览操作，以免因为设置不当而打印出错误的图纸。

可以通过以下方式进行打印预览：

（1）选择菜单"文件"中"打印预览"选项。

（2）在"打印设置"对话框中，用鼠标点击左下角的"预览"按钮。

（3）在"标准"工具栏中的"打印预览"工具按钮，如图 9.2-19 所示。

图 9.2-19　"打印预览"工具按钮

9.2.6　打印图纸

打印预览显示正确后，方可打印图纸。

1. 打印方式

（1）输入快捷键：Ctrl＋P。

（2）输入命令：PLOT。

（3）选择菜单"文件""打印"选项。

（4）在"标准"工具栏中的"打印"工具按钮，如图 9.2-20 所示。

图 9.2-20　"打印"工具按钮

2. 虚拟打印

输入快捷键命令"Ctrl+P"，在弹出的"打印"对话框中将"打印机/绘图仪"的"名称"设置为"DWG to PDF.pc5"，并完成其他打印设置，最后将图纸输出为 PDF 格式的文件。

9.2-2
虚拟打印

3. 批量打印

选择菜单"文件"→"批量打印"选项。

9.2-3
智能打印

基础训练

完成 2021 年全国职业院校技能大赛（中职组）建筑 CAD 赛项模块二任务一中的"创建布局"环节。

9.2-4
基础训练
创建布局

进阶训练

依据 2021 年全国职业院校技能大赛（中职组）建筑 CAD 赛项模块二"建筑施工图绘制"赛卷任务书要求，完成任务六中的"图样布置与打印"环节。

9.2-5
进阶训练
图样布置
与打印

项目 **10**

Chapter 10

建筑三维建模

教学目标

1. 知识目标

（1）理解三维模型的形成原理、用途和图示内容；

（2）掌握三维建模的思路。

2. 能力目标

（1）能够运用平立剖图和三维模型之间的关系建模；

（2）掌握 CAD 软件建模技巧；

（3）通过绘图、读图、制图的实践，掌握空间想象能力。

3. 思政目标

（1）掌握建筑三维建模的学习方法；

（2）具有严格遵守设计标准规定的习惯，培养良好的三维建模制图习惯。

思维导图

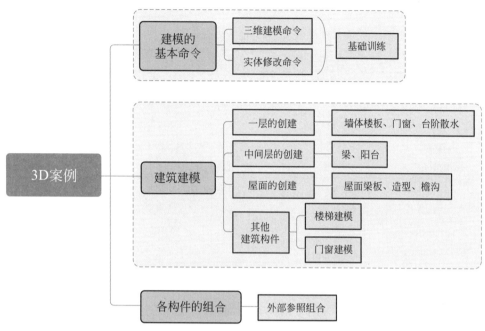

引言

　　建筑三维模型介于平面图纸和实际建筑之间，将二维和三维有机联系在一起，可以更直观地体现建筑设计意图，是属于建筑设计的一种表现形式。在建模的每次感悟和积累中都将增强我们对建筑的理解，可以直观地推敲空间的尺度和造型，旨在提高空间使用价值和艺术性质。

任务 10.1　三维建模基本命令

10.1.1　三维建模命令

　　三维建模所用到的命令主要以三维建模命令和三维编辑命令为主。其中创建三维模型多以"挤压""扫掠""放样""拉伸""体创建"的手段建模，而"挤压""拉伸""扫掠"是主要建模手段。

　　当三维模型创建之后，通常还需对三维体进行编辑以创建出模型形体。其中三维编辑多以"布尔运算"的交集、差集、并集来进行体编辑。而三维体是由三维面组成的，也可以通过面编辑、线编辑的各项功能来进行模型编辑。

通过本项目学习了解"点动成线、线动成面、面动成体"的建模基本思路，利用基本命令运用进行建模和编辑。中望 CAD 一般的三维命令见表 10.1-1，可以通过快捷键、组合键以及图标来调用命令。

CAD 常用的三维命令
表 10. 1-1

序号	命令	功能	快捷键	序号	命令	功能	快捷键
1	INTERFERE	干涉	INF	10	SLICE	剖切	SL
2	INTERSECT	交集	IN	11	SUBTRACT	差集	SU
3	3DARRAY	三维阵列	3A	12	UNION	并集	UNI
4	3DFACE	三维面	3F	13	SPHERE	球体	—
5	MIRROR3D	三维镜像	—	14	WEDGE	楔体	WE
6	EXTRUDE	拉伸	EXT	15	BOX	长方体	—
7	REVOLVE	旋转	REV	16	CYLINDER	圆柱体	—
8	REVSRRF	旋转曲面	—	17	CONE	圆锥体	—
9	ROTATE3D	三维旋转	—	—	—	—	—

1. EXT 闭合图形挤压命令（拉伸）

（1）绘制三个矩形和圆，可用于比较 EXT 命令后三种不同结果，如图 10.1-1 所示。

（2）切换到三维视图显示，如图 10.1-2 所示。

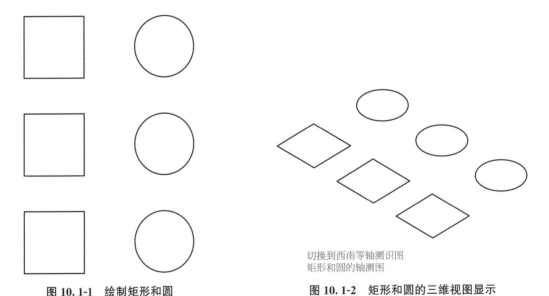

切换到西南等轴测识图
矩形和圆的轴测图

图 10.1-1　绘制矩形和圆　　　　　图 10.1-2　矩形和圆的三维视图显示

（3）使用"EXT（默认 900）挤压"命令后生成的模型（圆柱和方体），如图 10.1-3 所示。

（4）使用"EXT 挤压"命令后，输入正角度后生成的模型（圆锥和棱锥），如图 10.1-4 所示。

（5）使用"EXT 挤压"命令后，输入负角度后生成的模型（倒圆锥反棱锥），如图 10.1-5 所示。

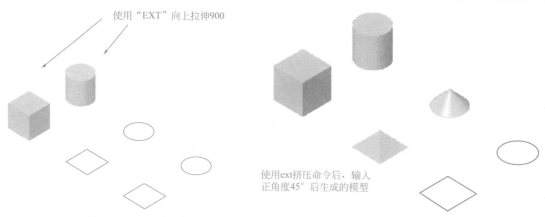

图 10.1-3　挤压命令后生成的模型
（圆柱和方体）

图 10.1-4　输入正角度后生成的模型
（圆锥和棱锥）

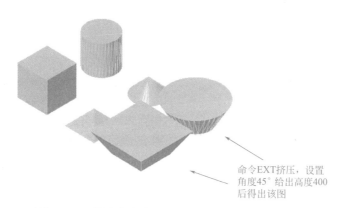

图 10.1-5　输入负角度后生成的模型（倒圆锥反棱锥）

（6）使用"EXT 挤压"命令后，选择线路为路径后生成的模型，如图 10.1-6 所示。

（7）挤压后的简单渲染，如图 10.1-7 所示。

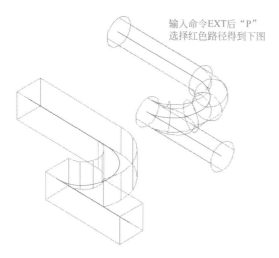

图 10.1-6　选择线路为路径后生成的模型

图 10.1-7　挤压后简单渲染的模型

2. REV 闭合图形放样命令

（1）绘制剖面图形和一条放样轴线（该轴线距离剖面图形的大小，直接影响放样后模型的大小和形状），该轴线可以任意角度绘制，这样生成的模型结果都不一样，本图只以一条竖向轴线作为参考，如图 10.1-8 所示。

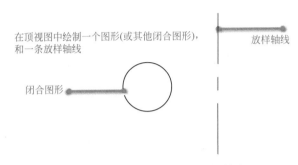

图 10.1-8　绘制剖面图形和放样轴线

（2）为方便观看，可以切换到轴测图显示，如图 10.1-9 所示。

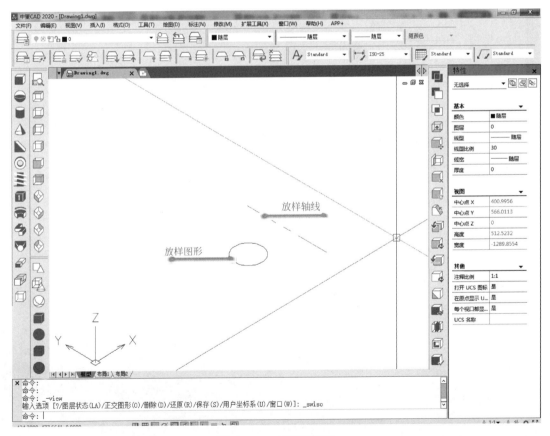

图 10.1-9　轴测图切换

（3）输入 REV 指令，选择所要放样的图形，再依次点击放样轴线的两个端点后，输入所要放样图形的角度（默认为 360°），如图 10.1-10 所示。

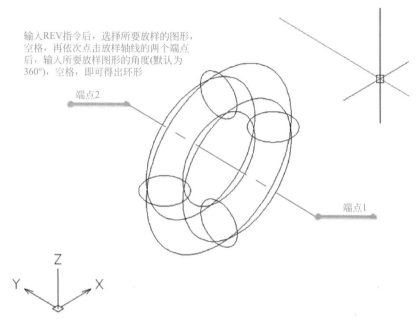

输入REV指令后，选择所要放样的图形，空格，再依次点击放样轴线的两个端点后，输入所要放样图形的角度(默认为360°)，空格，即可得出环形

端点2

端点1

图 10.1-10　设置放样角度 360°

（4）渲染后的模型，如图 10.1-11 所示。

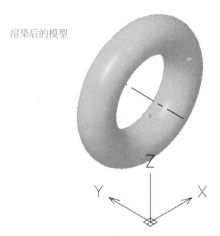

渲染后的模型

图 10.1-11　模型渲染（360°）

（5）使用 REV 指令后，输入 270°的图形，如图 10.1-12 所示。

（6）渲染后的图形，如图 10.1-13 所示。

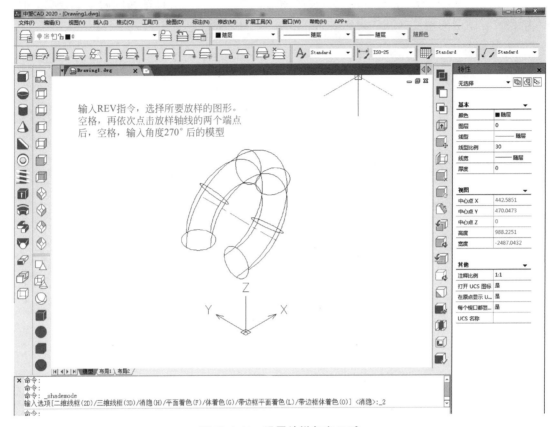

图 10.1-12 设置放样角度 270°

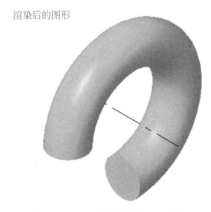

图 10.1-13 模型渲染（270°）

> **小技巧**
>
> 绘制单面物体（ls 中植物或镂空贴图的基质模型）时，这样的模型是单面的，到 ls 中要把它变为双面，这样才能正反面都能显示植物贴图，如图 10.1-14 所示。

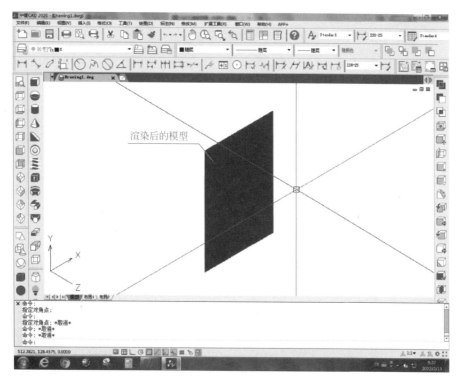

图 10.1-14　植物贴图模型绘制

10.1.2　实体修改命令

常用的实体修改命令有"UNION"并集、"SUBTRACT"差集、"INTERSECT"交集，接下来通过举例来进行介绍。

1. 绘制三个立面图和圆柱，可用于比较三种命令不同结果，如图 10.1-15 所示。

2. 使用"移动"命令将圆柱移至立方体处，如图 10.1-16 所示。

使用"EXT"命令，绘制三组
立方体和圆柱

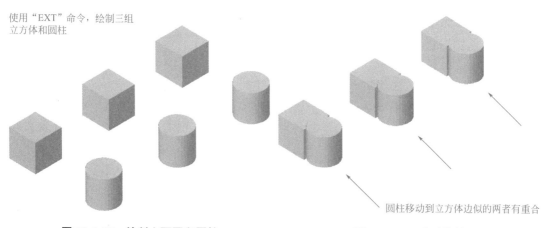

圆柱移动到立方体边似的两者有重合

图 10.1-15　绘制立面图和圆柱　　　　　　图 10.1-16　移动构件

3. 使用"UNION"命令，选择立方体和圆柱，如图 10.1-17 所示。

4. 使用"SUBTRACT"命令，选择先选择立方体后选择圆柱，如图 10.1-18 所示。

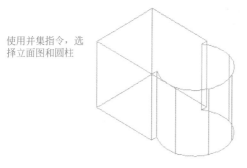

使用并集指令，选择立面图和圆柱

图 10.1-17　选择构件

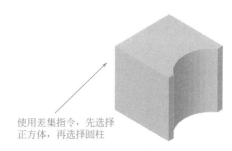

使用差集指令，先选择正方体，再选择圆柱

图 10.1-18　差集构件（a）

5. 使用"SUBTRACT"命令，选择先选择圆柱后选择立方体，如图 10.1-19 所示。

6. 使用"INTERSECT"命令，选择立方体和圆柱，如图 10.1-20 所示。

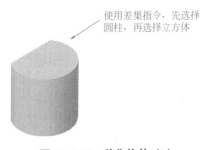

使用差集指令，先选择圆柱，再选择立方体

图 10.1-19　差集构件（b）

使用交集指令，选择立方体和圆柱

图 10.1-20　交集构件

任务 10.2　房屋建筑一层的三维建模

本任务以 2021 年全国职业院校技能大赛中职组建筑 CAD 赛项（样题）"房屋建模"环节任务书为例进行本项目以下建模实训。任务说明如下：

1. 建模技术

使用外部参照的方法建模，需注意参照路径。

2. 文件夹与图形文件命名

在指定的文件夹中新建文件夹，命名为"房屋建模"，所有的建模主文件及子文件均存放在此文件夹中。

任意方法新建建模主文件，命名为"建模.dwg"，保存在新建的文件夹"房屋建模"中，所有子文件经适当命名后也一同保存到"房屋建模"文件夹中。

3. 建模

（1）根据"房屋建筑建模附图"，构建该小楼房的三维模型，即图中已表达的所有构件；无需对门、窗建模。

（2）在每个子文件中，必须开设图层并适当命名图层。

（3）应分楼层建模，如一层、二层和屋面。

（4）应分构件建模，如地坪、墙体、梯段、楼面等。

根据任务书的要求，先进行一层、中间层、屋顶各个构件的建模，再阵列、合成楼体模型，最后进行模型的输出和渲染。建模的整体思路如图10.2-1 所示。

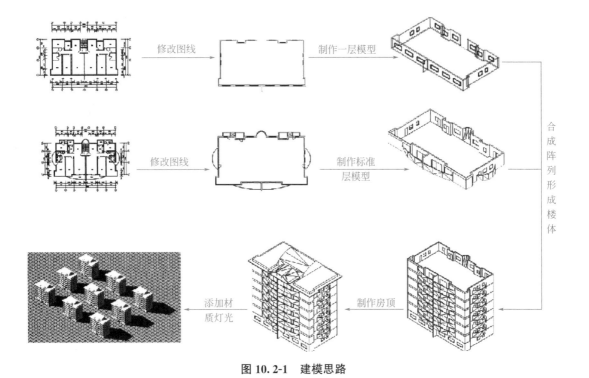

图 10.2-1　建模思路

10.2.1　墙体楼板建模

1. 绘制简易平面图

（1）观察图纸，选取建模所需的元素进行绘制，如图 10.2-2 所示。

（2）绘制轴网，并在此基础上使用"多段线"绘制墙体，如图 10.2-3 所示。

2. 墙体的建模

（1）使用"EXT 三维拉伸"命令拉伸一层墙体，拉伸高度应该为地坪到二层楼地面的高度，即 3800＋600＝4400mm，如图 10.2-4 所示。

（2）使用"3DO 三维观察命令"旋转视图观察楼梯间下部，拉伸处于楼梯间下部的矮墙，拉伸高度为休息平台高度 1900mm 与楼地层高度 600mm 之和，如图 10.2-5 所示。

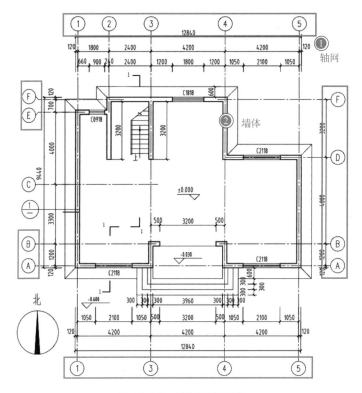

图 10.2-2　选取绘制元素

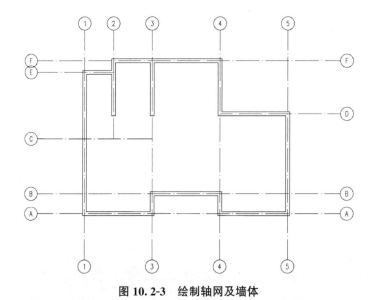

图 10.2-3　绘制轴网及墙体

3.一层楼板创建

（1）使用菜单栏→修改→实体编辑→复制边命令选择出墙体的内边缘线，生成楼板的边框，如图 10.2-6 所示。

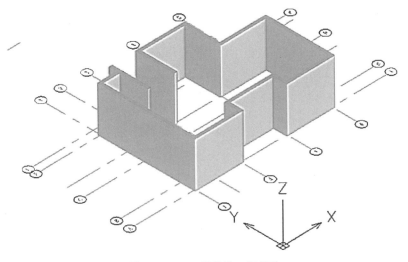

图 10.2-4　三维拉伸一层墙体

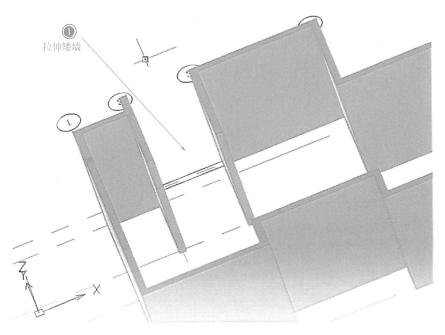

图 10.2-5　三维拉伸矮墙

（2）使用"J 合并多段线"命令将所生成楼板的边框合并。

（3）使用"三维拉伸"命令将所生成楼板的边框拉伸 100mm 的厚度，生成一层楼板。

（4）选择楼板使用"移动"命令，将楼板顶面放置于墙体上 600mm 处（一层楼地面标高处），如图 10.2-7 所示。

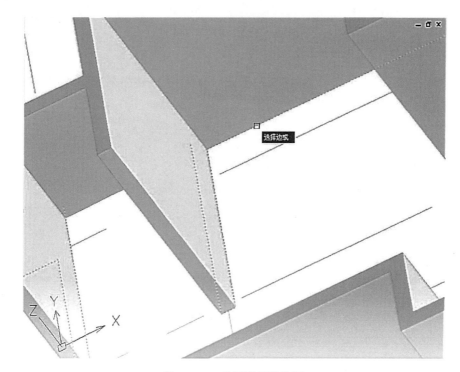

图 10. 2-6　绘制楼板的边框

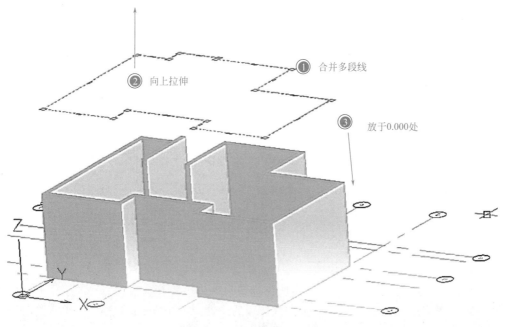

图 10. 2-7　组合楼板与墙体

10.2.2 室外台阶建模

1. 绘制室外台阶平面图

在一层简易平面图的基础上绘制室外台阶平面图，如图 10.2-8 所示。

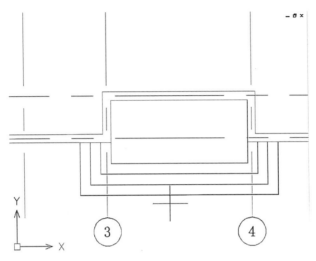

图 10.2-8 绘制室外台阶平面图

2. 逐级拉伸室外台阶

（1）使用"BO 边界"命令选择区域，依次生成每级台阶以及平台的边界多段线。

10.2-2 三维墙体及地面创建

（2）从上至下依次使用"三维拉伸"命令，拉伸出台阶的高度。

（3）使用"移动命令"将每级台阶逐级向下移动一个台阶高度，并将台阶及平台放置于地坪之上，如图 10.2-9 所示。

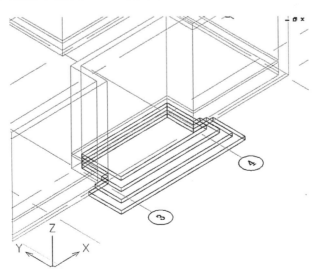

图 10.2-9 逐级拉伸室外台阶

10.2.3　散水建模

1. 绘制散水断面图样

（1）使用"UCS 旋转坐标"命令以 X 轴旋转 90°，将世界坐标系旋转为主视图（Y 轴朝上）。

（2）在墙脚的位置使用"多段（PL）线"命令绘制出散水断面图样，如图 10.2-10 所示。

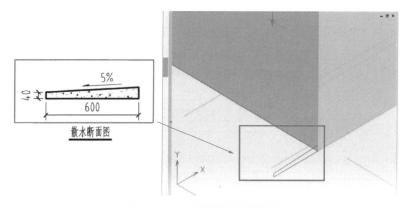

图 10.2-10　绘制散水断面图样

2. 扫掠出散水模型

（1）使用"UCS 旋转坐标"命令以 X 轴旋转 90°，将世界坐标系旋转为主视图（Y 轴朝上）。

（2）使用"三维扫掠"命令，选择散水断面，以墙体外轮廓为边缘线进行扫掠，如图 10.2-11 所示。

10.2-3
散水的
创建

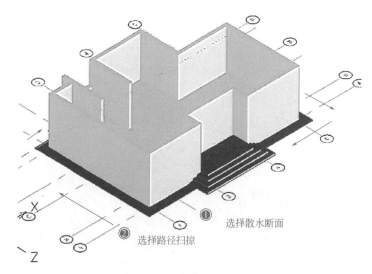

图 10.2-11　扫掠出散水模型

小提示

在扫掠前注意检查轮廓的位置，尽量将扫掠轮廓放置于起点或终点，如无法放置则需要多次扫掠，再进行交集处理。环形扫掠可以将扫掠路径放置于轮廓的内侧，以保证精准度。

10.2.4　门窗开洞

1. 绘制洞口平面

使用"矩形（REC）"命令在洞口位置绘制矩形，注意矩形长度需穿插墙体。

2. 差集开洞

（1）使用"三维拉伸"命令将矩形向上拉伸出门窗的高度。

（2）使用"移动（M）"命令，选择拉伸出的立方体，移动至门窗的高度处。

（3）使用布尔运算"差集（SU）"命令，选择以墙体为母体减去拉伸出的立方体，如图 10.2-12 所示。

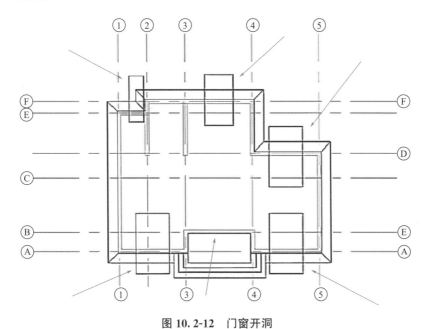

图 10.2-12　门窗开洞

任务 10.3　楼梯的创建

以 2021 年全国职业院校技能大赛中职组建筑 CAD 赛项"房屋建模"环节任务书为例进行本项目的建模实训，图纸如图 10.3-1 所示。

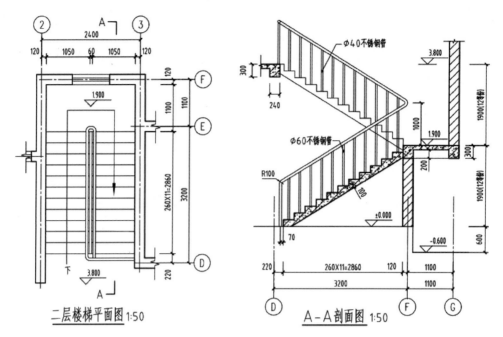

图 10.3-1　楼梯平面图

10.3.1　梯段、平台板、梁的建模

1. 绘制楼梯剖面简图

（1）使用"UCS 旋转坐标"命令将世界坐标系旋转为右视图（Y 轴朝上）。

（2）使用在项目 7 中任务 7.1.3 的技巧绘制楼梯断面图。

（3）使用"J 合并多段线"命令，分别将梯段、平台及板合并为面，绘制效果如图 10.3-2 所示。

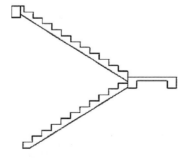

图 10.3-2　绘制楼梯剖面简图

2. 拉伸楼梯梯段、平台断面

（1）使用"UCS 旋转坐标"命令将世界坐标系旋转为右视图（Y 轴朝上）。

（2）使用在项目 7 中任务 7.1.3 的技巧绘制楼梯断面图。

（3）根据图纸的梯段尺寸，使用"三维拉伸"命令，分别拉伸梯段及平台和梁。其中平台和梁的宽度为 2640mm，梯段宽度为 1050mm，如图 10.3-3 所示。

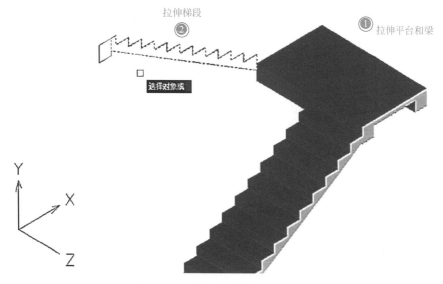

图 10.3-3　拉伸楼梯梯段、平台断面

10.3.2　扶手栏杆建模

1. 绘制扶手平面简图

（1）使用"UCS 旋转坐标"命令将世界坐标系旋转为俯视图（Z 轴朝上）。

（2）在±0.000 处使用"多段线"和"倒圆角"命令绘制楼梯扶手平面简图作路径使用，如图 10.3-4所示。

2. 调整扶手的夹点坐标

（1）将视图改为等轴测视图。

（2）使用"特性"菜单修改每段多段线起点、终点的 Z 轴坐标。坐标高度则是扶手在建筑中的相对高度。比如第一跑扶手的上端点 Z 轴坐标是休息平台高＋扶手高，即 1900＋1000＝2900mm，如图 10.3-5所示。

（3）使用此方法将扶手的每个夹点调整至相对应的高度。

3. 绘制栏杆路径

（1）将视图改为右视图。

（2）使用"多段线（PL）"命令绘制栏杆的路径。

（3）使用"倒圆角（F）"命令修改栏杆与扶手的角为半径 100mm，如图 10.3-6 所示。

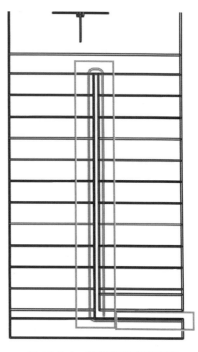

图 10.3-4　绘制扶手平面简图

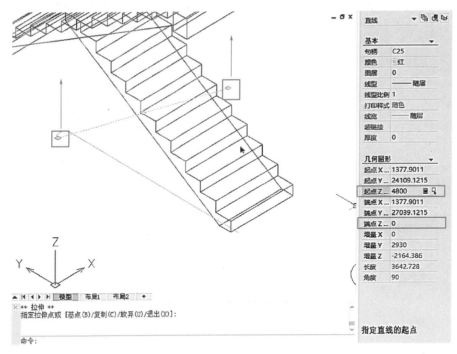

图 10.3-5　调整扶手的夹点坐标

4. 扫掠出扶手及栏杆模型

（1）以栏杆底下端点为圆心，使用"圆（C）"命令绘制一个直径 40mm 的圆，以扶手底下端点为圆心绘制一个直径为 60mm 的圆。

（2）使用"扫掠"命令分别扫掠每一道栏杆。

（3）使用"扫掠"命令依次扫掠每一段扶手，并使用"并集（UNI）"命令合并模型，最终效果如图 10.3-7 所示。

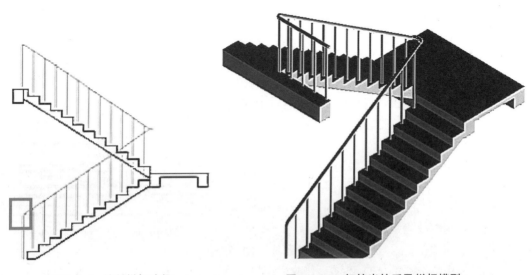

图 10.3-6　绘制栏杆路径　　　　图 10.3-7　扫掠出扶手及栏杆模型

任务 10.4 中间层的创建

10.4.1 墙梁板洞建模

根据任务 10.2 的建模思路及技巧，创建出二层的墙梁板洞。注意楼梯间的外墙及窗户下沉，最终效果如图 10.4-1 所示。

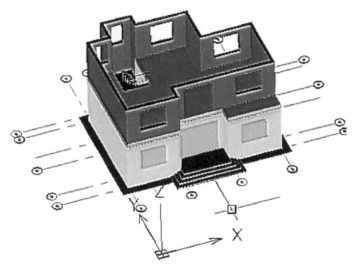

图 10.4-1 墙梁板洞建模

10.4.2 阳台建模

1. 阳台板的建模

（1）使用"多段线（PL）"命令在俯视视图中描出阳台板的轮廓。

（2）使用"三维拉伸"命令，拉伸 100mm 厚度的阳台板，如图 10.4-2 所示。

10.4-1 三维阳台创建

图 10.4-2 阳台板的建模

2. 梁及装饰边的建模

（1）使用"多段线（PL）"命令绘制出阳台梁及装饰条断面。

（2）使用"移动（M）"命令将轮廓线移动到阳台外轮廓边缘处。

（3）使用"扫掠"命令将轮廓沿阳台外轮廓进行扫掠，如图 10.4-3 所示。

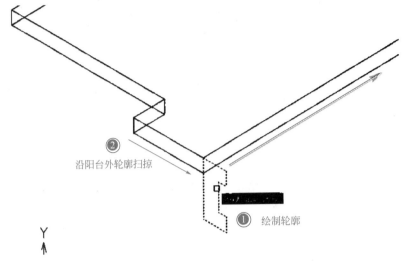

图 10.4-3　梁及装饰边的建模

3. 栏杆建模

（1）使用"多段线（PL）"命令绘制阳台栏杆平面轮廓。

（2）使用"三维拉伸"命令，拉伸 650mm 高度的阳台栏板，如图 10.4-4 所示。

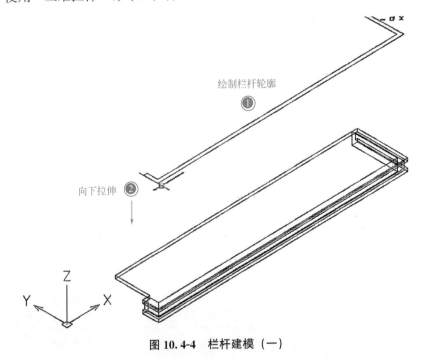

图 10.4-4　栏杆建模（一）

（3）使用上述方法拉伸出栏杆压顶及立柱。

（4）使用"阵列（AR）"功能将栏杆阵列满间隙，如图 10.4-5 所示。

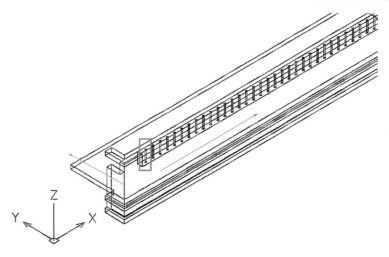

图 10.4-5　栏杆建模（二）

任务 10.5　门窗套线及装饰线创建

10.5.1　门窗套线建模

（1）使用"多段线（PC）"绘制窗的外轮廓线，如图 10.5-1 所示。

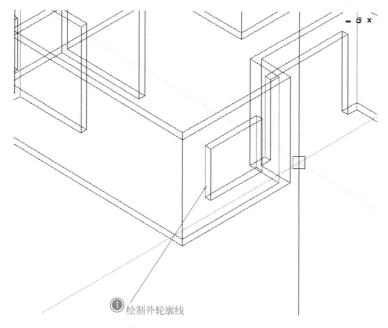

① 绘制外轮廓线

图 10.5-1　绘制窗外轮廓线

（2）使用"多段线（PL）"命令绘制扫掠样板。

（3）使用"BO边界"命令选择区域，生成扫掠样板。

（4）使用"移动（M）"命令移至窗外轮廓线。

（5）将扫掠样板使用"移动（M）"命令将扫掠样板挪至窗轮廓线边缘处，如图10.5-2所示。

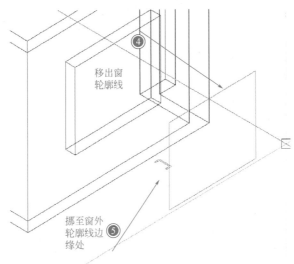

图 10.5-2 移动扫掠样板

（6）使用菜单栏→绘图→实体→扫掠命令，选择与窗轮廓线交点处为基点扫掠。

（7）使用"移动（M）"命令将扫掠完的窗套挪至指定位置。

10.5.2 外墙装饰线绘制

（1）使用"多段线（PL）"命令绘制外墙装饰线轮廓，如图10.5-3所示。

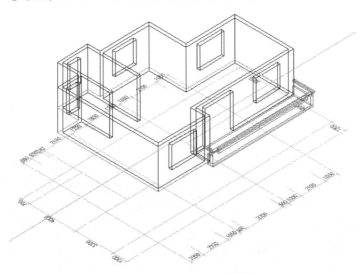

图 10.5-3 绘制外墙装饰线轮廓

（2）使用"多段线（PL）"命令绘制装饰线轮廓。

（3）使用"移动（M）"命令将轮廓线移动至外墙装饰线处。

（4）使用菜单栏→绘图→实体→扫掠命令，选择与外墙装饰线处为基点扫掠。

10.5-1
门窗套线和
装饰条创建

（5）使用"移动（M）"命令将扫掠完的外墙装饰线挪至指定位置。

任务 10.6　屋面的创建

10.6.1　屋面梁板及檐沟板建模

1. 创建屋面梁板及檐沟板

（1）参照轴网使用"多段线（PL）"和"偏移（O）"命令绘制出屋面板及檐沟板外轮廓线，如图 10.6-1 所示。

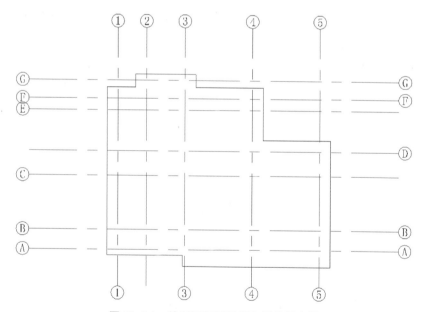

图 10.6-1　绘制屋面板及檐沟板外轮廓线

（2）切换到西南等轴测，使用"移动（M）"命令，将绘制好的外轮廓线向上移动至屋面板高度处，移动距离为室外地坪至屋面板板底高度，即 600+7100=7700mm，如图 10.6-2 所示。

（3）使用"复制（CO）"命令，将外轮廓线移动至房屋模型上。

（4）使用"拉伸（EXT）"命令，向上拉伸 100mm，形成板厚，如图 10.6-3 所示。

（5）使用"隔离对象"中的"隐藏对象"命令，将屋面板隐藏。

（6）使用菜单栏三维编辑的"面编辑"栏中的"复制面"命令，将二层外墙截面进行

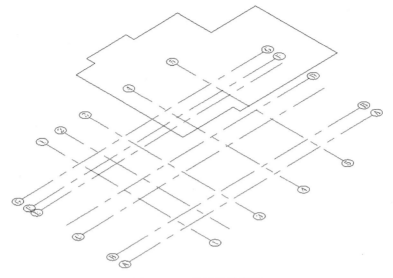

图 10.6-2 移动外轮廓线

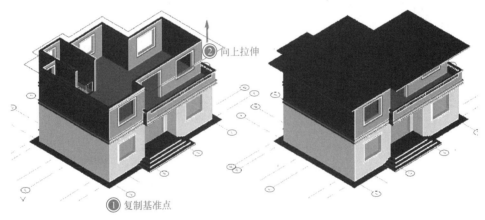

图 10.6-3 拉伸楼板

复制，并向上拉伸 400mm。

（7）使用"隔离对象"中的"结束对象隔离"命令，完成屋面板的创建，如图 10.6-4 所示。

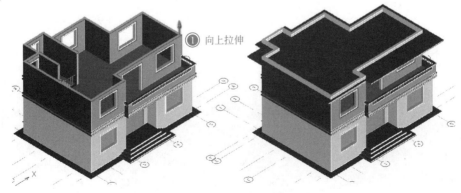

图 10.6-4 屋面板模型

10.6.2　坡屋面建模

1. 绘制坡屋面外轮廓线

（1）参照轴网使用"多段线（PL）"命令绘制出墙体外轮廓线。

（2）使用"偏移（O）"命令将轮廓线向外偏移出 120mm 的坡屋顶边缘轮廓，如图 10.6-5 所示。

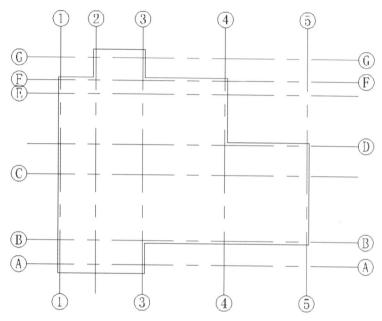

图 10.6-5　绘制坡屋面外轮廓线

2. 创建屋面模型

（1）切换到西南等轴测，使用"拉伸（S）"命令，将绘制好的外轮廓线向上拉伸，拉伸高度只需大于屋面高度，高度自定，如图 10.6-6 所示。

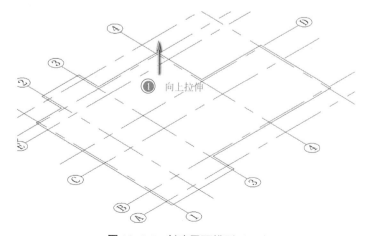

图 10.6-6　创建屋面模型（一）

（2）使用"倾斜面"命令，选择需要倾斜的垂直面，以 Z 轴为倾斜轴向上倾斜 68°。注意倾斜角度不可直接选用原图中的 22°，需用 90°－22°＝68°，如图 10.6-7 所示。

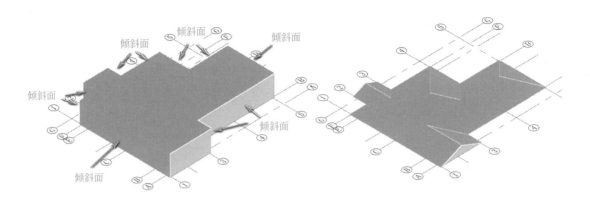

图 10.6-7　创建屋面模型（二）

（3）使用"抽壳"命令，选中屋面模型，再选择屋面模型下底面，输入板厚尺寸 100mm。再根据屋顶平面图所示，使用"偏移面"命令，将下开间①～③轴和上开间②～③轴处的山墙面向内偏移 200mm，如图 10.6-8 所示。

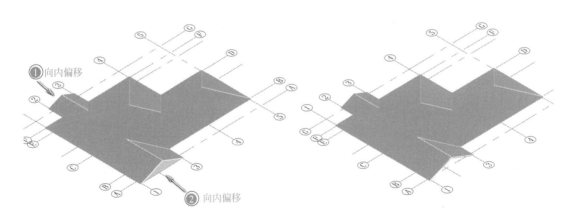

图 10.6-8　创建屋面模型（三）

（4）使用"移动（M）"命令，将绘制好的坡屋面模型向上移动，移动距离为室外地坪至屋面梁顶高度，即 600＋7500＝8100mm。再次使用"移动"命令，选择任意移动基准点，将模型移动至房屋模型上，如图 10.6-9 所示。

10.6.3　造型线条建模

1. 创建檐沟板造型线（条）

（1）使用"差集（SU）"命令，将下开间①～③轴和上开间②～③轴处檐沟板进行消除，如图 10.6-10 所示。

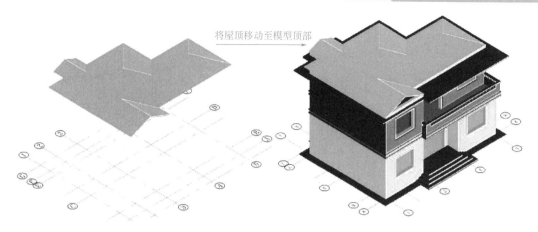

将屋顶移动至模型顶部

图 10.6-9　创建屋面模型（四）

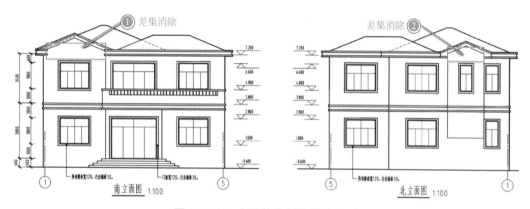

图 10.6-10　创建檐沟板造型线（一）

（2）使用"复制边"命令，将檐沟板外侧的边进行复制，并分别合并为两段多段线，再移动至原模型当中，如图 10.6-11 所示。

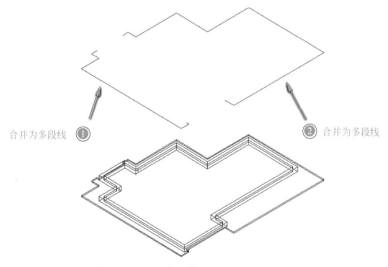

图 10.6-11　创建檐沟板造型线（二）

（3）在檐沟板起点或终点位置使用"三维多段线"命令绘制出造型线断面图轮廓，如图 10.6-12 所示。

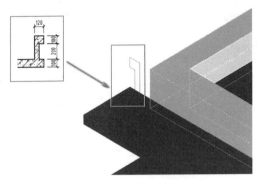

图 10.6-12　创建檐沟板造型线（三）

（4）使用"三维扫掠"命令，选择造型线断面，以檐沟板轮廓为边缘线进行扫掠，如图 10.6-13 所示。

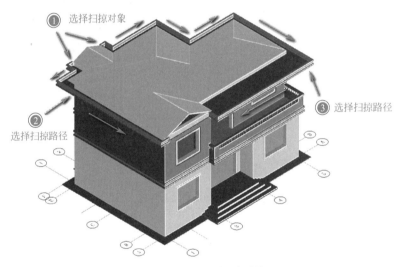

图 10.6-13　创建檐沟板造型线（四）

2. 创建坡屋面造型线条

（1）使用"隔离"命令，将屋面及屋面梁进行隔离。

（2）切换到二维线框，使用"三维多段线"命令对下开间①～③轴和上开间②～③轴处山墙进行补绘。

（3）使用"拉伸"命令，将山墙的边框拉伸 240mm 的厚度，生成墙厚。再使用"移动"命令将山墙移动到屋面梁上，如图 10.6-14 所示。

（4）使用"复制边"命令，将屋面内边缘线进行复制，并合并为多段线。

（5）在屋面内边缘起始位置使用"三维多段线"命令绘制出造型线断面图样，如图 10.6-15 所示。

（6）使用"三维扫掠"命令，选择造型线断面，沿屋面内边缘线进行扫掠，如图 10.6-16 所示。

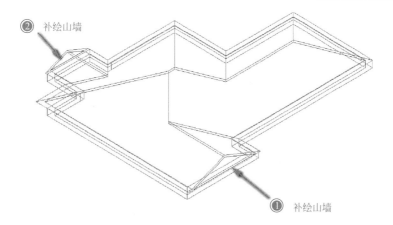

图 10.6-14 创建坡屋面造型线（一）

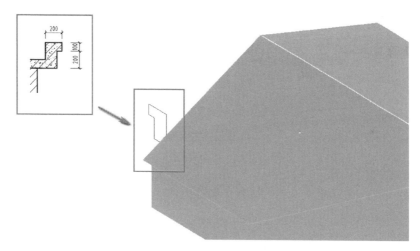

图 10.6-15 创建坡屋面造型线（二）

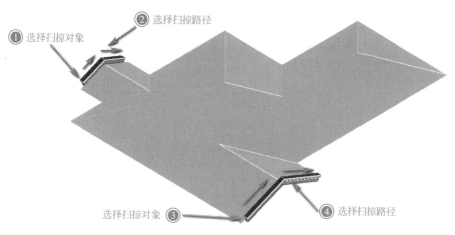

图 10.6-16 创建坡屋面造型线（三）

（7）使用"并集"命令，将屋面各个构件模型进行合并，形成整体屋面模型，如图 10.6-17 所示。

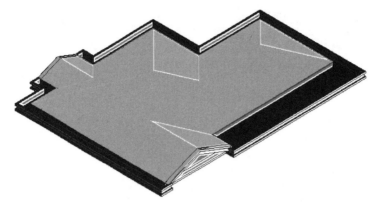

图 10.6-17　创建坡屋面造型线（四）

任务 10.7 　外部参照组合

10.7.1　分构件输出

1. 创建模型输出路径

在指定的文件夹中新建文件夹，文件夹名称为"房屋建模"。

2. 输出模型构件

（1）使用"UCS 旋转坐标"命令以 X 轴旋转－90°，将世界坐标系旋转为主视图（Z 轴朝上）。

（2）使用"输出"命令，点击"选择对象"将相应模型构件输出到"房屋建模"文件夹中，如图 10.7-1 所示。

注意：输出模型构件时，可将已输出的模型构件隐藏，方便输出剩余构件。

此电脑 › 桌面 › 房屋建模			
名称	修改日期	类型	大小
1.一层墙体	2021/8/22 19:22	ZWCAD.Drawing	151 KB
2.一层地面	2021/8/22 19:23	ZWCAD.Drawing	66 KB
3.室外散水	2021/8/22 19:23	ZWCAD.Drawing	81 KB
4.室外台阶	2021/8/22 19:23	ZWCAD.Drawing	73 KB
5.二层墙体	2022/2/14 20:43	ZWCAD.Drawing	123 KB
6.二层梁板	2021/8/22 19:24	ZWCAD.Drawing	107 KB
7.外墙造型线条	2021/8/22 19:25	ZWCAD.Drawing	94 KB
8.门窗套线	2022/2/15 13:32	ZWCAD.Drawing	188 KB
9.二层阳台栏杆、栏板	2021/8/22 19:25	ZWCAD.Drawing	91 KB
10.楼梯、中间平台、扶手栏杆	2021/8/22 19:26	ZWCAD.Drawing	113 KB
11.屋面	2022/2/15 13:33	ZWCAD.Drawing	183 KB

图 10.7-1　输出模型构件

10.7.2　外部参照组合文件

1. 创建外部参照组合文件

在"房屋建模"文件夹中新建".dwg"文件，文件名称为"外部参照组合模型"。

2. 组合模型

（1）使用"参照附着"命令，在"保持路径"中选择"相对路径"，同时取消"插入点""比例""旋转"处的勾选，如图 10.7-2 所示。

10.7-1
三维外部
参照

图 10.7-2　组合模型（一）

（2）分构件插入，完成外部参照组合，如图 10.7-3 所示。

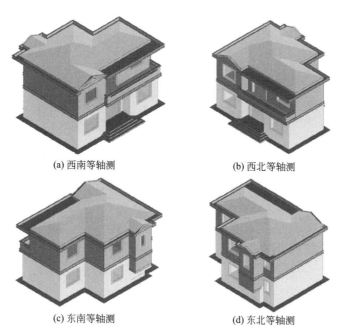

(a) 西南等轴测　　　　　　　　　　　(b) 西北等轴测

(c) 东南等轴测　　　　　　　　　　　(d) 东北等轴测

图 10.7-3　组合模型（二）

10.7.3 外部参照组合文件

1. 材质设置

（1）点击菜单栏的视图→渲染→材质，进入"图层材料设置"选项卡。

（2）设置所需图层的参数，点击"颜色"选项，从库中加载选择图层的材质和纹理，如图 10.7-4 所示。

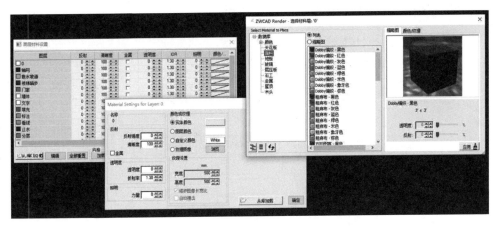

图 10.7-4 材质设置

2. 渲染设置

（1）点击菜单栏的视图→渲染→渲染，进入"渲染"选项卡。

（2）根据渲染要求选择照明预设，可在"自定义"当中设置渲染图像分辨率，如图 10.7-5 所示。

10.7-2
渲染设置

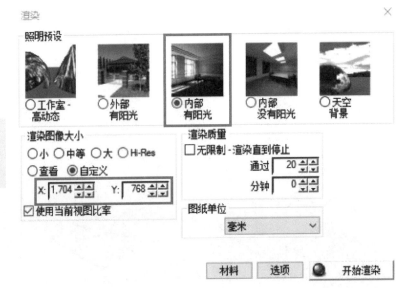

图 10.7-5 渲染设置

基础训练

依据2021年全国职业院校技能大赛（中职组）建筑CAD赛项样题模块三的绘图要求，完成附图的建模。

进阶训练

依据2021年全国职业院校技能大赛（中职组）建筑CAD赛项样题模块三赛卷任务书要求，完成模型渲染及出图。

Chapter 11

项目 11

从CAD到BIM

教学目标

1. 知识目标

（1）理解建筑 CAD 赛项的发展及改革方向；

（2）正确把握 2021 年建筑 CAD 赛项任务的难点与重点；

（3）全面理解 BIM 的内涵与价值；

（4）了解 BIM 相关软件。

2. 能力目标

（1）熟练的 CAD 软件操作能力；

（2）掌握建筑识图及建筑构造的知识能力；

（3）掌握 BIM 内涵的能力。

3. 思政目标

（1）培养具有学习新技术，为我国建筑业转型升级的奉献精神；

（2）培养具有以 BIM 为代表信息技术的创新意识。

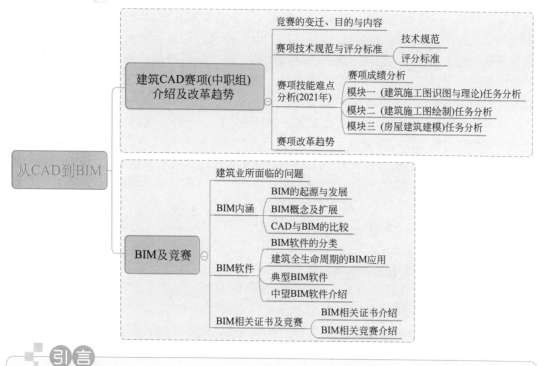

当前，新一轮科技革命和产业变革突飞猛进，科学研究范式正在发生深刻变革，学科交叉融合不断发展，科学技术和经济社会发展加速渗透融合。

建筑业是我国支柱性产业，但一直存在低效率、高能耗、质量安全风险多等问题。我国工程领域在 20 世纪 90 年代实施的"甩图板"工程推动了二维 CAD 的普及和应用，而以"参数化建模"为核心的 BIM（Building Information Modeling，建筑信息模型）技术，被认为是改变建筑业发展困境的"颠覆性力量"，是全球建筑行业的创新技术，是近年我国建筑行业重点推广的信息技术，以 BIM 技术为代表的智能建造已成为建筑类职业院校培养人才的重要内容和发展方向。

建筑 CAD 赛项的相关内容将逐步向 BIM 进行过渡和转变。

任务 11.1　建筑 CAD（中职组）赛项介绍及改革趋势

11.1.1　建筑 CAD（中职组）竞赛目的与内容

1. 赛项规程的变迁

建筑 CAD 赛项（中职组）是以教育部颁布的《中等职业学校重点建设专业教学指导

方案》为指导，参照《房屋建筑制图统一标准》GB/T 50001—2017、《总图制图标准》GB/T 50103—2010、《建筑制图标准》GB/T 50104—2010 等国家职业标准和规范要求，注重基本技能，体现标准程序，结合施工应用实际，考核职业综合能力，并对技能人才培养起到示范指导作用。赛项内容包含建筑施工图识图与理论指导考核、样板文件的设置、屋顶三视图的绘制、楼梯设计、墙身大样图绘制、节点详图绘制、施工图的抄绘、改错、补绘以及房屋建筑工程建模等实际应用任务。建筑 CAD 赛项实践性强、知识涵盖面广，着重提高参赛选手的专业技能和团队协作能力。

该赛项有效地引导中等职业院校加强教学改革，以赛促教、提赛促学，加强了"校企合作"大力推动职业院校师资队伍建设，提升选手职业能力和就业的质量，以国家规范、行业标准为指导，构建符合现在建筑工程施工企业需求的人才培养标准。可见该赛项设计成熟、组织规范，对建筑工程施工领域职业教育产生了较好的推动力和影响力。

建筑 CAD 赛项（中职组）的每支参赛队由 2 名选手组成，于 2011 年、2012 年、2014 年、2016 年、2018 年、2021 年共举办了六届比赛。其中，2014 年前赛项为个人赛，竞赛内容包括建筑工程识图能力和计算机绘图技能，竞赛时间 250 分钟；2016 年赛项为个人赛，竞赛内容包括建筑施工图识图与理论与建筑施工图绘图技能，竞赛时间为 260 分钟；2018 年赛项转为团队竞赛；2020 年教育部为贯彻党中央、国务院对职业教育工作的决策部署，推动落实《国家职业教育改革实施方案》，加快职业教育制度创新，促进职业教育高质量发展，全国职业院校技能大赛进行了改革试点，同年在山东省进行了试点竞赛，无建筑 CAD（中职组）赛项；2021 年改革后的全国职业院校技能大赛全面开展，共计 102 个赛项，其中，中职组 40 个赛项（含建筑 CAD）。

下面针对 2021 年的建筑 CAD（中职组）进行具体分析说明。

11.1-1
建筑CAD
（中职组）
赛项规程

2. 竞赛目的

（1）推动教学改革

促进参赛选手更好地掌握建筑识图与制图、房屋建筑学、建筑构造及常用建筑材料等基本知识，熟练掌握计算机绘图和建模的操作技能，熟悉国家有关建筑制图的技术标准，引导中等职业院校进行教学改革，加快中职院校对建筑工程 CAD 技能人才的培养步伐。

（2）以赛促教、以赛促学

引导中职院校重视实践教学，突出能力本位，改变"重知识、轻能力"的倾向，使参赛选手做到学思结合、知行合一，达到"以赛促教、以赛促学"的目的。

（3）培养团队协作力

结合本赛项的特点，设计了独立工作和团队合作的竞赛方式，除培养独立作业的能力外，注重选手的团队协作能力培养，提升综合素养。

（4）促进教师团队建设

引领企业和学校之间的交流，加强"校企合作"，推动职业院校实训基地建设、课程改革、师资队伍建设，提升参赛选手职业能力和就业质量。促进职业院校的师资队伍建设，提高专业教师"双师型"素养。

（5）引领行业新技术

对接促进建筑行业创新发展的 BIM 技术，增强大赛在教学上对行业新技术的引领性作用。

3. 竞赛内容

竞赛内容由三个模块构成，分别为"建筑施工图识图与理论"模块、"建筑施工图绘制"模块和"房屋建筑工程建模"模块。其中"建筑施工图识图与理论"模块由参赛选手独立完成，其余两个模块由两位选手合作完成。

（1）建筑施工图识图与理论：本竞赛模块侧重于考核参赛选手建筑投影知识应用能力、建筑制图规则应用能力、建筑构造知识应用能力和对房屋建筑学理论知识应用能力。

（2）建筑施工图绘制：本竞赛模块侧重于考核参赛选手使用 CAD 软件进行建筑投影与建筑施工图绘制、图形修改、尺寸标注、图样发布的能力，正确绘制符合国家制图标准的建筑图样的能力以及团队协作等综合能力。

（3）房屋建筑工程建模：本竞赛模块侧重于考核参赛选手使用 CAD 软件的高级功能进行构建建筑模型的能力，同时考察选手精细识图能力。

具体竞赛内容见表 11.1-1。

"建筑 CAD"竞赛内容　　　　　　　　　　表 11. 1-1

竞赛模块	考核能力	竞赛形式	竞赛时间	成绩权重
建筑施工图识图与理论	1. 建筑投影知识应用能力； 2. 建筑制图规则应用能力； 3. 建筑构造知识应用能力； 4. 房屋建筑学理论知识应用能力	独立完成	120 分钟	20％
建筑施工图绘制	1. 建筑投影与建筑施工图绘制； 2. 图形修改、尺寸标注、图样发布的能力； 3. 绘制符合国家制图标准建筑图样的能力； 4. 团队协作等综合能力	合作完成	210 分钟	55％
房屋建筑工程建模	1. 使用 CAD 软件的高级功能进行构建建筑模型的能力； 2. 选手精细识图能力	合作完成	120 分钟	25％

11. 1. 2　赛项技术规范与评分标准

1. 技术规范

（1）技能要求

1）建筑施工图识图与理论、建筑施工绘图能力、建筑模型建模能力

参赛选手应具备标准的建筑施工图的识图、绘图能力、建筑模型建模能力，掌握房屋建筑学和建筑构造的基本理论，熟悉建筑制图的相关国家标准，掌握绘制建筑施工图、建筑模型建模能力的基本理念、方法和技巧。

2）正确使用软件的能力

参赛选手能正确使用赛场提供的答题系统及 CAD 软件，在分别在三个时段的规定时间完成竞赛指定的建筑施工图识图与理论、建筑施工图绘制及房屋建筑工程建模任务，并通过设置合理的绘图环境、图样比例和打印样式等，形成符合规范的计算机绘图文件，构建出合理的房屋三维实体模型。

（2）竞赛标准

主要依据国家相关职业技能规范和标准，注重考核基本技能，体现标准程序，结合生产实际，考核职业综合能力，并对技术技能人才培养起到示范引领作用。根据竞赛技术文件制定标准，主要采用以下标准、规范及工具类软件：

1）《房屋建筑制图统一标准》GB/T 50001—2017；

2）《总图制图标准》GB/T 50103—2010；

3）《建筑制图标准》GB/T 50104—2010；

4）《民用建筑设计统一标准》GB 50352—2019；

5）《工程建设标准强制性条文（房屋建筑部分）2013 年版》"第一篇 建筑设计"（不含"2 室内环境"）；

6）与建筑识图、建筑投影、建筑构造、建筑建模等有关的教材、参考书和图集。

（3）技术平台

具体技术平台要求见表 11.1-2。

技术平台要求 表 11.1-2

序号	硬/软件设备	配置/型号
1	竞赛选手用计算机（含备用机）	1. 不能为无盘工作站、云机房、云桌面等任何"云"运行管理模式的计算机； 2. 操作系统：Windows 7 SP1 32/64 位； 3. CPU：≥i3，不限主频； 4. 内存：≥2G； 5. 显示器：≥19 寸（不限缩放比）
2	竞赛用服务器(非选手用，每个赛场配备一台)	1. Windows 7 SP1 64 位或 Windows Server 2008 64 位； 2. CPU≥i3、内存≥4G、显示器≥19 寸(不限缩放比)
3	竞赛软件	中望建筑工程识图答题系统、中望 CAD 2018 教育版
4	其他软件	1. Adobe Reader9(可高于此版本，或其他能正常显示 PDF 文件的软件，例如福昕阅读器等，版本不限)； 2. 搜狗拼音输入法与搜狗五笔输入法(版本不限)
5	网络	服务器与选手电脑必须在一个局域网内，局域网通畅，无通信故障

注：本赛项主要使用中望 CAD 教育版。

2. 评分标准

（1）评分方法

1）成绩产生方法及公布方法

①"建筑施工图识图与理论"模块采用计算机自动评分。

②"建筑施工图绘图"模块和"房屋建筑工程建模"模块根据评分细则采用结果评分。采用 A、B 裁判评分制，由两名评分裁判背靠背独立评分，控制分值的相对差比值（A、B 的差值除以 A、B 的均值）不超过 20％为有效判分，得分取 A、B 裁判的均值。若 A、B 裁判相对差比值超出 20％时，则有 C 裁判再次评定，取 C 裁判的判分与接近 C 裁判的 A 或 B 裁判的判分二者的均值为最终得分。

③裁判组在竞赛结束 18 小时内提交评分结果，经复核无误，由裁判长、监督仲裁员签字确认后公布。

2）成绩审核方法

① 为保障成绩评判的准确性，监督仲裁组对赛项总成绩排名前 30% 的所有参赛选手成绩进行审核；对其余成绩进行抽检复核，抽检覆盖率不低于 15%。

② 监督仲裁组需将审核中发现的错误以书面方式及时告知裁判长，由裁判长更正成绩并签字确认。

③ 审核、抽检错误率超过 5% 的，则认定为非小概率事件，裁判组需对所有成绩进行审核。

（2）评分标准

具体的评分标准见表 11.1-3。

建筑 CAD（中职组）赛项评分标准

表 11.1-3

竞赛模块任务		评分说明	分值	总分	评分形式
建筑施工图识图与理论	1. 建筑投影知识应用 2. 建筑制图规则应用 3. 建筑构造知识 4. 房屋建筑学知识应用	1. 识图为 30 题，单选题 15 题，每题 3 分；多选题 15 题，每题 4 分； 2. 房建理论为 45 题，单选题 25 题，每题 2 分；多选题 20 题，每题 4 分	285	285	机评
建筑施工图绘制	任务一：创建样板文件	1. 基本绘图环境设置； 2. 图层、文字样式、标注样式、多线样式等设置； 3. 属性图块制作； 4. 标准图幅布局的创建； 5. 创建图形样板文件	60	1000	结果评分
	任务二：屋面投影	1. 投影的正确性； 2. 表达的合理性和规范性	80		
	任务三：楼梯设计	1. 楼梯设计的合理性、规范性； 2. 楼梯平面图； 3. 楼梯剖面图； 4. 楼梯间详图绘制	240		
	任务四：节点构造绘制	1. 节点分层构造绘制； 2. 节点构造说明； 3. 关键尺寸标注	120		
	任务五：墙身详图绘制	1. 各关键节点构造绘制； 2. 节点构造说明； 3. 尺寸标注； 4. 标高标注	200		
	任务六：抄绘、改错、补绘建筑施工图	1. 抄绘的完整性、规范性； 2. 改错的完整度、正确度； 3. 尺寸标注； 4. 标高标注； 5. 图中其他内容	300		
房屋建筑工程建模		1. 楼地面建模； 2. 墙体建模； 3. 楼梯建模； 4. 屋面建模； 5. 其他构件建模	100	100	结果评分

建筑CAD（中职组）赛项任务书（正式赛题）

11.1-2　　　　11.1-3　　　　11.1-4
模块一　　　　模块二　　　　模块三

11.1.3　赛项技能难点分析（2021 年）

1. 赛项成绩分析

建筑 CAD 属于"智慧技能"[1]。所谓智慧技能强调的是运用知识和经验执行一定活动的能力。因此，建筑 CAD 技能与知识紧密联系，需要结合投影知识、建筑制图知识、房屋构造原理（建筑学）知识、熟悉各种建筑规范和建筑设计标准、掌握 CAD 软件操作技能、有效利用鼠标和键盘，实现精准、高效、规范绘制和设计建筑图样和房屋建模的目的。

2021 年建筑 CAD（中职）赛项 6 月 20 日—21 日在广西南宁广西建设职业技术学院举行，全国共 31 个省市、62 名学生组队参加（其中，广东省因疫情缺席）。竞赛成绩评出一等奖 3 个、二等奖 6 个、三等奖 9 个，具体成绩分布如图 11.1-1～图 11.1-3 所示。从获奖的成绩分析可得出：部分参赛队伍的总成绩相近，其中，模块二成绩相近，模块一和模块三成绩差异明显，显示参赛队三个模块成绩不均衡，存在短板，有较大的成绩提升空间。

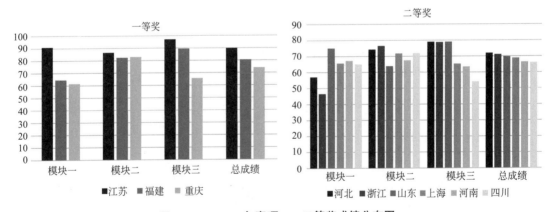

图 11.1-1　2021 年赛项一、二等奖成绩分布图

图 11.1-4 是所有参赛队伍三个模块及总成绩的平均值及方差分布，通过分析，各参赛队伍存在以下特征：

---

[1] 董祥国教授在 2021 年建筑 CAD 国赛时提出。

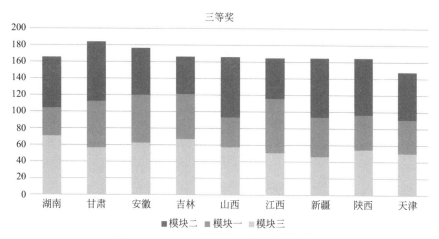

图 11.1-2　2021 年赛项三等奖成绩分布图

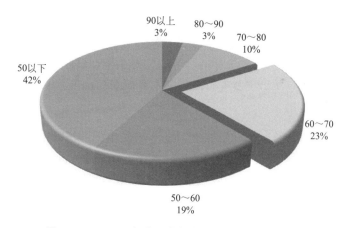

图 11.1-3　2021 年赛项全部参赛队伍总成绩分布图

（1）模块一普通成绩的提升空间很大，须重点突破。

（2）模块二高层次成绩竞争激烈，保持平稳发展。

（3）模块三成绩差异明显，要继续保持领先优势。

（4）南北差异缩小；东西差异明显。

（5）缺乏均衡发展，竞争性优势不明显（除江苏队）。

（6）团队竞赛，个人表现不突出。

（7）赛题难度显著加大，显示出赛项的改革方向。

2. 模块一分析

模块一为建筑施工图识图与理论，主要考核建筑投影知识应用、建筑制图规则应用、建筑构造知识及房屋建筑学知识应用等内容，采用计算机统分，其中识图为 30 题，单选题 15 题（每题 3 分）、多选题 15 题（每题 4 分）；房建理论为 45 题，单选题 25 题（每题 2 分）、多选题 20 题（每题 4 分），总分为 285 分，通过数据的归一化处理，折算 100 分进行统计，如图 11.1-5 所示。共计 62 人，其中 90 分以上，2 人；80～90 人，0 人；70～80 人，3 人；60～70 人，11 人；60 分以下，46 人。该模块的内容大部分来自《房屋建筑制

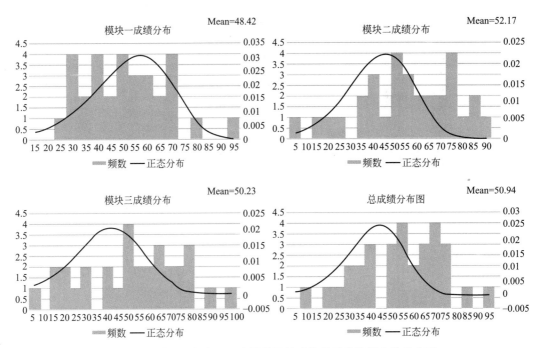

图 11.1-4　2021 年赛项三个模块及总成绩的平均值及方差分布图

图统一标准》GB/T 50001—2017、《建筑制图标准》GB/T 50104—2010、《民用建筑设计统一标准》GB 50352—2019 以及其他标准、规范与图集等。成绩显示，单选题的成绩相对较好，而多选题错误率较高，说明许多选手缺乏必要的基础能力练习，训练资源匮乏，同时缺乏必要的答题技巧训练，例如应在掌握基本知识的基础上，要善于发现差异点（例如三视图的选择判断）。

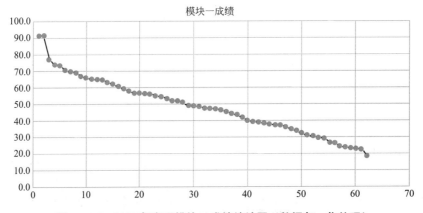

图 11.1-5　2021 年赛项模块一成绩统计图（数据归一化处理）

该模块中，识图与绘图的基本常识较简单，而最主要的失分集中在建筑构造（部分是结构构造）设计上，建筑材料难度一般。因此，参赛选手的基础知识的训练要侧重于概念以及基本原理的理解掌握，要知道"为什么"，做到举一反三，方可取得理想成绩。

3. 模块二分析

模块二是建筑施工图绘制，包括六个绘制任务，分别是任务一（创建样板文件）、任务二（屋面投影）、任务三（楼梯设计）、任务四（节点构造绘制）、任务五（墙身详图绘制）和任务六（抄绘、改错、补绘建筑施工图）。下面以任务一、任务三和任务六为例进行简单分析。

（1）样板文件

样板文件本质上就是符合规定的模板文件，其最大的好处是可以节省很多设置参数的时间；样板图形存储图形的所有设置，包含预定义的图层、标注样式和视图等。样板图形通过文件扩展名".dwt"区别于其他图形文件。它们通常保存在"template"目录中。

该任务全面考察选手对建筑工程图样与 CAD 的结合，以及对 CAD 的样本文件理解的能力。从 CAD 的角度看，是 CAD 的基本设置，体现 CAD 的基本思想；从工程项目管理的角度看，是项目组织、统一规范的需要；从 CAD 与建筑制图融合看，需要将建筑制图国家标准，从图层、线宽到布局打印有机结合。❶

1）难点

① 对建筑制图国家标准的掌握；

② 对"属性字段"的理解与应用；

③ 对 CAD 模型空间和图纸空间的理解；

④ 创建布局和图形发布等理解与操作；

2）知识点

① 建筑制图国家标准对线宽、字体、图纸幅面与格式的要求；

② 创建与设置图层；

③ 创建文字样式、文字对齐方式；

④ 创建标注样式；

⑤ 定制线型；

⑥ 创建布局；

⑦ 属性字段；

⑧ 创建属性图块；

⑨ 图形发布与布局打印设置。

例如：如何正确理解"发布"的含义就非常重要。"发布"类似于"打印"功能，可以批量发布图纸文件或图纸集的若干个"布局"到打印机，方便后续生成纸质图样；也可发布生成电子文件（dwf 格式、dwfx 格式、pdf 格式等），且当用户建立图纸集时比较有用。一般是预先建立好常用的布局，并存为模板文件。图形发布的优点是可以在图纸不打开的情况下进行操作，实现类似"打印"的功能。

（2）楼梯设计

本任务考察选手对楼梯知识的掌握程度，对楼梯使用性质与设计要求须对应，必须熟记《民用建筑设计统一标准》GB 50352—2019 中对楼梯的要求，熟悉楼梯的构造形式。本

---

❶　董祥国教授在 2021 年建筑 CAD 国赛时提出。

题体现重专业知识、强调房屋建筑的标准与规范。首先要明确以下尺寸的含义：梯段净宽；踏步级数、高度与宽度；楼梯平台净高、梯段净高。

1）难点

① 针对楼梯使用性质设计楼梯；

② 对《民用建筑设计统一标准》GB 50352—2019 的理解与应用；

③ 楼梯设计的三大组成部分；

④ 楼梯大样图的绘制。

2）知识点

① 楼梯构造形式；

② 楼梯设计标准与规范；

③ 楼梯大样图的绘制；

④ 楼梯形式（使用性质）是楼梯设计的根本。

（3）抄绘、改错、补绘建筑施工图

本题考察选手看图能力、对规范的掌握程度、空间想象和投影能力、快速绘图能力以及与对建筑施工图的一般理解能力。

1）难点

① 对建筑图样特点的理解；

② 完整的建筑施工图的阅读方式；

③ 投影分析与绘制；

④ 补绘建施图的剖面图。

2）知识点

11.1-5
模块二
答案

① 建筑规范的应用；

② 建筑施工图识读；

③ 补绘剖面图；

④ 抄绘建筑施工图的流程。

4. 模块三分析

模块三为房屋建筑建模，2021 年竞赛新增加模块，从竞赛的成绩来看，失分率较高，一个原因是新增加的模块技术，选手及指导老师准备不足，内容相对陌生，但另一个主要的原因在于选手缺乏系统的训练，没有很好地阅读研究任务书要求，建模思路不清。例如，在 2021 年的模块三任务书部分内容摘录如下：

（1）竞赛须知：文件夹命名要求：每个参赛队在 A 机位的 D 盘根目录下新建文件夹，文件夹以机位号命名，A 机位是队长机位，为成果提交机位。例如，参赛队（302A 和 302B）即赛区号为"3"，机位组号为"02"，文件夹名称为"302"；3. 本次竞赛所有任务由参赛队协作共同完成一份任务，文件必须保存在上述文件夹中，否则以未做任务处理。

（2）房屋建筑建模

1）建模技术：使用外部参照的方法建模，需注意参照路径。

2）文件夹与图形文件命名：在指定的文件夹中新建文件夹，命名为"房屋建模"，所有的建模主文件及子文件均存放在此文件夹中。任意方法新建建模主文件，命名为

"建模 .dwg"，保存在新建的文件夹"房屋建模"中，所有子文件经适当命名后也一同保存到"房屋建模"文件夹中。

3）建模：①根据"房屋建筑建模附图"，构建该小楼房的三维模型，即图中已表达的所有构件；无需对门、窗建模。②在每个子文件中，必须开设图层并适当命名图层。③应分楼层建模，如一层、二层和屋面。④应分构件建模，如地坪、墙体、梯段、楼面等。

在以上内容中，选手应该仔细阅读文中"下划线"所"强调"的部分，这是进行建模的根本。

在建模过程中，应建立 WBS（Work Breakdown Structure，工作分解结构）的任务理念，也就是将项目、产品、可交付的东西或者建筑的各部分以及完成项目所需的各项工作任务、服务等层层分解成树状结构。

因此，在构件组件建模中，要通过图层 WBS，实现构件组件的建模，如图 11.1-6 所示的建模操作过程，来保证建模思路的清晰。

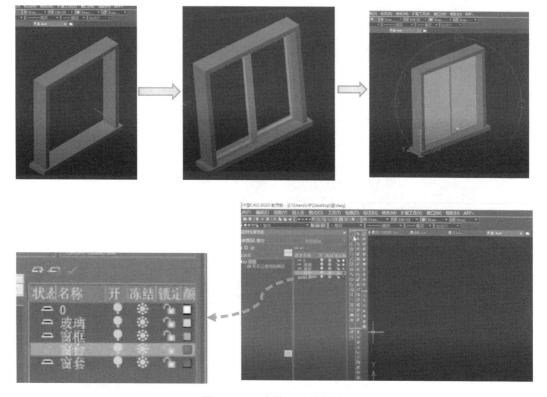

图 11.1-6　窗的三维建模过程

采用同样的思路与建模思想，选后可以顺利地完成各构件的分别建模，具体如图 11.1-7 和图 11.1-8 所示。

通过各构件的有序组合，可以完成最终的三维建模，如图 11.1-9 所示。

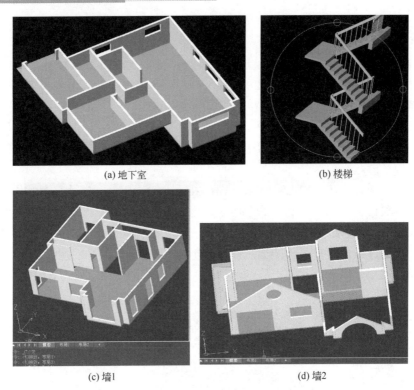

(a) 地下室

(b) 楼梯

(c) 墙1

(d) 墙2

图 11.1-7　地下室、楼梯与墙等构件三维建模

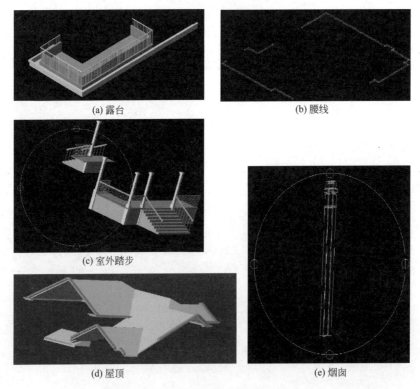

(a) 露台

(b) 腰线

(c) 室外踏步

(d) 屋顶

(e) 烟囱

图 11.1-8　露台、腰线、室外踏步、屋顶与烟囱等构件三维建模

图 11.1-9　三维建模成果

11.1.4　改革趋势

通过梳理近四届竞赛规程，竞赛任务见表 11.1-4。

近年来竞赛任务统计表　　　　　　　　　　　　　表 11.1-4

竞赛年度	竞赛任务	
	建筑施工图识图与理论（分值或比例）	建筑施工图绘图（分值或比例）
	模块一	模块二
2014	建筑工程识图（20%）	1. 绘图环境设置（8%）； 2. 绘图技巧（12%）； 3. 三视图（8%）； 4. 剖面图（8%）； 5. 轴测图（8%）； 6. 建筑施工图样抄绘、补绘（32%）； 7. 虚拟打印（4%）。
	总竞赛时间：250 分钟（两个竞赛环节连续进行）	个人赛
	模块一	模块二
2016	1. 识图为 25 题，每题 0.8 分（20%）； 2. 房建理论为 25 题，每题 0.4 分（10%）。 竞赛时间：50 分钟	1. 绘图环境设置（7%）； 2. 图样画法（投影的正确性、表达的合理性和规范性）（21%）； 3. 建筑施工图抄绘（抄绘的完整度、准确度、规范度）（31.5%）； 4. 建筑施工图补绘（看图能力、对房屋构造的理解）（10.5%）。 竞赛时间：210 分钟
	总竞赛时间：260 分钟（两个竞赛环节连续进行）	个人赛

续表

竞赛年度	竞赛任务	
	建筑施工图识图与理论(分值或比例)	建筑施工图绘图(分值或比例)
	模块一	模块二
2018	1. 识图为 30 题,单选题 15 题,每题 3 分;多选题 15 题,每题 4 分(95 分/14.6%); 2. 房建理论为 30 题,单选题 15 题,每题 2 分;多选题 15 题,每题 4 分(100 分/15.4%)。 竞赛时间:50 分钟	任务一:创建样板文件(27 分/4%); 任务二:屋面投影(36 分/5.5%); 任务三:楼梯设计(114 分/17.5%); 任务四:节点构造绘制(54 分/8%); 任务五:墙身详图绘制(96 分/15%); 任务六:抄绘、改错、补绘建筑施工图(128 分/20%)。 成绩占比:70%。 竞赛时间:160 分钟
	总竞赛时间:260 分钟(两个竞赛环节连续进行)	团体赛
	模块一	模块二
2021	1. 识图为 30 题,单选题 15 题,每题 3 分;多选题 15 题,每题 4 分(105 分); 2. 房建理论为 45 题,单选题 25 题,每题 2 分;多选题 20 题,每题 4 分(180 分)。 成绩占比:20%。 竞赛时间:120 分钟	任务一:创建样板文件(60 分); 任务二:屋面投影(80 分); 任务三:楼梯设计(240 分); 任务四:节点构造绘制(120 分); 任务五:墙身详图绘制(200 分); 任务六:抄绘、改错、补绘建筑施工图(300 分); 成绩占比:55%。 竞赛时间:210 分钟。 模块三 房屋建筑工程建模模块(100 分)。 成绩占比:25%。 竞赛时间:120 分钟
	总竞赛时间:450 分钟(模块一单独进行,模块二、三连续进行)	团体赛

通过该表的分析，可以看出 2021 年的建筑 CAD（中职组）赛项内容较好地贯彻了国家职业教育改革的思路，赛题设计开始向"世界竞赛"看齐，竞赛任务与以往竞赛相比，难度进一步提高，竞赛时间近 8 小时，对参赛院校及学生具有较大的挑战。

任务 11.2 BIM 及竞赛

11.2.1 建筑业所面临的问题

众多研究和实践认为，目前基本建设领域中存在很多问题，包括低效率和浪费现象、建筑业信息化水平较低、建设工程项目生命周期不同阶段信息丢失严重以及建筑业所面临的新的挑战等，这些问题迫使人们去思考建筑业的变革方向。

1. 基本建设领域中的低效率和浪费现象

现有割裂的生产结构使建筑生产过程存在着巨大的浪费，一方面在环境方面上，与其他所有行业相比，建筑业在原材料消耗、二氧化碳排放和消耗能源等方面所占比例分别高出约 60%、22% 和 20%；另一方面，建筑设施的建造成本也日趋增加，运营成本长期被忽略，同济大学丁士昭通过研究认为大部分项目的建设成本都不足全寿命周期成本的 20%，而运营成本占到了约 80%。

2. 建筑业信息化水平较低

实践证明，制造业生产效率的极大提高得益于先进制造技术的应用以及信息化的投入，这使得制造业对生产过程的控制十分精确，减少了人为错误，从而使人员的工作效率得以提高。相比之下，建筑业虽然和制造业的总产值非常接近，且应用 IT 技术的时间与制造行业类似，但对于信息技术的投资，却仅有制造业行业平均值的 1/7。保守及缺乏改善生产和管理技术的动力，也直接造成了建筑业生产力的落后。

3. 建设工程项目生命周期不同阶段信息丢失严重

建设工程项目生命周期的信息可分为两类：建造信息和既有建筑信息。前者是从策划、设计到施工等各个阶段的所有信息，后者是描述建筑物如何建造的信息，包括现场变更等。目前，传统的项目信息创建和传递方式带来了低效率和浪费现象，使建设工程生命周期信息在各个环节的传递过程中不断地流失，从而造成同一个项目需要不断重复地创建信息，如图 11.2-1 所示。

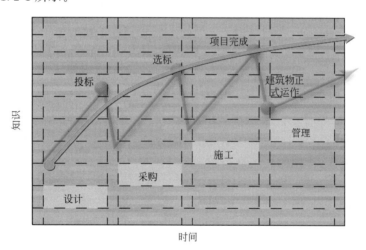

图 11.2-1　传统建筑设计到运营的转变过程中的数据丢失

4. 建筑业面临新的挑战

要解决自身存在的问题及应对建筑业所面临的挑战，必须对传统建筑业的生产方式和组织方式进行一场深刻变革，通过引入利用新的方法和工具对传统建筑业进行根本性的重构和改造。

目前，建设工程管理发展呈全球化、多元化、专业化、标准化、信息化和职业化特点。特别是 2020 年以来，大数据和云计算技术的不断发展，以虚拟现实（Virtual Reality，VR）、增强现实（Augmented Reality，AR）、3D 打印、虚拟设计建造（Vitual Design and Construction，VDC）、BIM、人工智能（Artificial Intelligence，AI）等为代表的先进信息和通信技术（Information and Communication Technology，ICT）得到了迅速发展和广泛传播，跨组织协同、信息共享、应用标准、全寿命周期、项目交付模式、项目复杂系统、社会网络结构等关键字开始对项目管理的发展赋予了新的内涵和挑战。

11.2.2　BIM 内涵

1. BIM 的起源与发展

很多人都认为 BIM 是一个新事物，但实际上，BIM 的思想已经由来已久。早在 1975 年，被誉为"BIM 之父"的 Chuck Eastman 教授就提出了 BIM 的设想，预言未来将会出现可以对建筑物进行智能模拟的计算机系统，并将这种系统命名为"Building Description System"。1986 年，美国学者 Robert Aish 提出了 Building Modeling 的概念，这一概念与现在业内广泛接受的 BIM 概念非常接近，包括三维特征、自动化的图纸创建功能、智能化的参数构件、关系型数据库等。在 Building Modeling 概念提出不久，Building Information Modeling 的概念就被提出，但当时受计算机硬件与软件水平的影响，BIM 的思想还只是停留在学术研究的范畴，并没有在行业内得到推广。

BIM 真正开始流行是从 2000 年以后，得益于软件开发企业的商业推广，很多业内人士开始关注并研究 BIM。目前，与 BIM 相关的软件、互操作标准都得到了快速的发展，BIM 不再是学者在实验室研究的概念模型，而是变成了在工程实践中可以实施的商业化工具。

2. BIM 定义

（1）BIM 概念

BIM 是一个设施（建设项目）物理和功能特性的数字表达；BIM 是一个共享的知识资源，是一个分享有关这个设施的信息，为该设施从建设到拆除的全生命周期中的所有决策提供可靠依据的工作过程；在项目的不同阶段，不同利益相关方通过在 BIM 中插入、提取、更新和修改信息，以支持和反映其各自职责的协同作业。

在我国已颁布的《建筑信息模型应用统一标准》GB/T 51212—2016 和《建筑信息模型施工应用标准》GB /T 51235—2017 中，将 BIM 定义为：在建设工程及设施全生命周期内，对其物理和功能特性进行数字化表达，并依此设计、施工、运营的过程和结果的总称。

（2）BIM 概念的拓展

BIM 是一个缩写，代表三个独立但相互联系的功能：

Building Information Model：是设备的物理和功能特性的数字化表达。因此，它作为设施信息共享的知识资源，在其生命周期中从开始起就为决策形成了可靠的依据。

Building Information Modelling：是一个在建筑物生命周期内设计、建造和运营中产生和利用建筑数据的业务过程。BIM 让所有利益相关者有机会通过技术平台之间的互用性同时获得同样的信息。

Building Information Management：是对在整个资产生命周期中，利用数字原型中的信息实现信息共享的业务流程的组织与控制。其优点包括集中的、可视化的通信，多个选择的早期探索，可持续发展的、高效的设计，学科整合，现场控制，竣工文档等——使资产的生命周期过程与模型从概念到最终退出都得到有效地发展。

从以上可以看出，BIM 的含义比起它问世时已大大拓展，"M" 既是 Modeling，同时也是 Model 和 Management。

（3）CAD 与 BIM 的比较

事实上，工程制图的发展有其历史因素和演化背景。最早期以手绘的方式来绘制工程图纸，所需投注的人力和时间成本极高，精确度和质量有很大的改善空间。随后由于计算机辅助设计（Computer Aided Design，CAD）技术兴起，利用计算机以数位化的方式进行工程制图，生产力因此大幅提升，使工程图纸的修正和重绘也变得更容易，甚至能在三维虚拟空间中仿真物体的量体外观。然而 CAD 图的组成要素仍以点、线、面等几何性质来描述，并不具有对象识别的概念，且 CAD 图纸之间和其组成元素之间的相关性无法交互参照，变更设计时仍须将所有关联的工程图纸进行重绘，经常发生图纸不一致的情形，更重要的是建筑产业涉及许多不同的专业领域（如建筑、结构和机电等），以 2D 为主要沟通模式的 CAD 工程图中时常会发生对象冲突或碰撞的情形。

鉴于此，人们开始应用新技术、新方法来解决所面临的问题，BIM 相关技术的发展便是此演化过程的结果。以对象的角度来描述建筑或设施的构件是一项重大的变革，使得构件和其相关信息可在三维虚拟空间中模拟出更加真实的应用情境，所有工程图纸的产出皆源自 BIM 模型中的对象，来源于参数化设计的机制。人们得以联动地修改 BIM 模型组件的属性参数来达到变更设计的目的，而不再是于传统 CAD 图纸中离散地修改几何组成元素，且设计上的冲突也可在三维虚拟空间中有效检查，信息一致性提高使错误减少，效率和生产力也皆能有所提升。表 11.2-1 从工程制图的不同方面比较了手绘、CAD 以及 BIM 的不同性质。

手绘、CAD 与 BIM 比较

表 11.2-1

内容	手绘	CAD	BIM
时间	1982 年之前	1982 年到现在	约 2000 年以后
使用工具	三角板、T 尺	CAD 制图软件	BIM 建模软件
存在方式	手绘 2D 圆	数位 2D 圆	构件模型资料库
组成元素	点、线、弧、圆、开口、文字等	点、线、弧、圆、开口、文字等	墙、梁、柱、板、窗门等
维度	2D、等角投影视图	2D、3D	2D、3D、4D(3D＋时间)、5D(3D＋时间＋成本)、nD
档案形态	无法运算的档案	无法运算的档案	构件导向档案，可在数位空间与 BIM 相关流程和应用程序互动

11.2.3　BIM 软件

1. BIM 软件的概述

（1）软件及 BIM 软件

软件（Software）是客观事物的一种虚拟放映，是知识的固化、凝练和体现。它是一系列按照特定顺序组织的计算机数据和指令的集合。软件是用户与硬件之间的接口界面，用户主要是通过软件与计算机进行交流。因此，BIM 软件是工程项目各参与方（包括技术和管理人员）执行标准、完成任务的必要工具。BIM 应用水平与 BIM 软件的专业技术水平、数据管理能力和数据互用能力密切相关。

BIM 的应用离不开软件的支撑，准确地说 BIM 不是一类软件的事，而且每类软件的选择也不止一个产品，需要发挥 BIM 价值为项目创造效益涉及的常用 BIM 软件就有数十个之多。因此，BIM 软件的选择是 BIM 模型构建的前提条件。

（2）BIM 软件分类

BIM 软件种类繁多，大多自成体系，不同的系列有各自的优势与劣势。BIM 系列的核心软件分类如图 11.2-2 所示，需要指出的是，除了 BIM 核心建模软件之外，BIM 的实现还需要大量辅助软件的协调与协助。

其中，BIM 软件根据其在模型创建过程中的主次程度可划分为两类：

1）BIM 核心软件，包括结构、建筑建模软件、机电安装系统的模型构建软件等；

2）BIM 模型分析软件，包括结构分析计算类软件、制作加工图软件、施工进度管理软件、可视化软件、空间管理软件、概预算软件、可持续（绿色）分析软件、运营管理软件、文件共享与协同软件等。

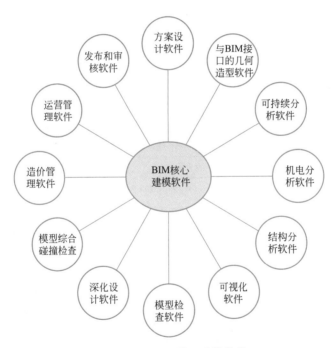

图 11.2-2　BIM 核心建模软件

（3）建筑全生命周期的 BIM 应用

BIM 应用按照工程项目从规划、设计、施工到运维的发展阶段按时间组织，有的应用跨越一个到多个阶段，有的应用则局限于某个阶段内。为实现建筑全生命周期的 BIM 应用的目标，选择适当的 BIM 软件成为首要任务，如图 11.2-3 所示。

2. 中望 BIM 软件

（1）中望 3D EDUBIM 识图教学软件

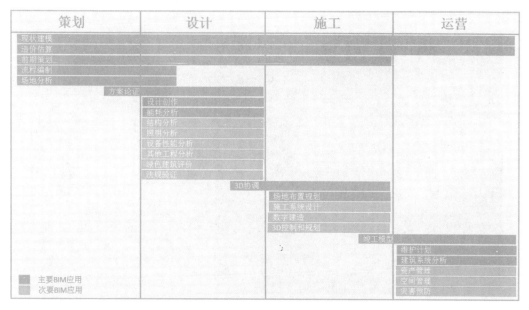

图 11.2-3　建筑全生命周期的 BIM 应用

中望软件公司 2020 年正式发布"中望 3D EDUBIM 识图教学软件"（简称 EDUBIM），作为一款适合建筑工程识图教学、实训的信息化教学工具，EDUBIM 增加了大量的三维数字化构造节点模型，教学资源更加地丰富。对促进职业院校加强专业建设、深化课程改革、增强实训内容、提高师资水平，提升教育教学质量有很大帮助，例如建筑构造的展示如图 11.2-4 所示。

（2）中望"悟空"平台

悟空平台的框架支持大体量工程、协同设计、云部署、模型的轻量化表达、兼容异构应用、多专业设计功能等，在 2021 年底已成功发布体验版。

11.2.4　BIM 相关证书及竞赛

1. BIM 相关证书

（1）"1＋X"职业技能系列

2019 年初，教育部等部门部署启动"学历证书＋若干职业技能等级证书"（简称"1＋X"证书）制度试点工作。"1＋X"证书制度是《国家职业教育改革实施方案》的重要改革部署，也是新时期职业教育改革的重要制度创新与设计。

建筑信息模型（BIM）职业技能等级证书是教育部"1＋X"证书制度首批试点证书，廊坊市中科建筑产业化创新研究中心为该证书的培训评价组织。

建筑信息模型（BIM）职业技能考评分为初级、中级、高级三个级别，分别为 BIM 建模、BIM 专业应用和 BIM 综合应用与管理。

1）BIM 建模的考评不区分专业，要求被考评者熟悉 BIM 的基本概念和内涵、技术特征，能掌握 BIM 软件操作和基本 BIM 建模方法。BIM 建模考核重点在模型创建能力，能

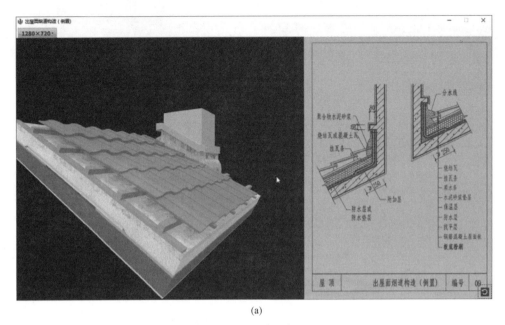

(a)

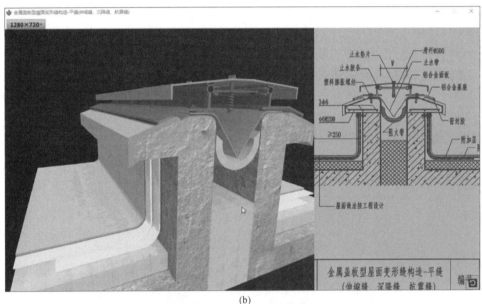

(b)

图 11.2-4 中望 EDUBIM 建筑构造表达

够创建建筑工程的基本模型，进行标注、成果输出等应用。

2）BIM 专业应用的考查在于考核被考评者在专业领域中应用 BIM 知识和技能的水平。按专业领域，本科目的考评分为城乡规划与建筑设计专业应用、结构工程类专业应用、建筑设备类专业应用、建设工程管理类专业应用共四种类型。考查内容为结合专业，应用 BIM 知识与技能的能力。

3）BIM 综合应用与管理考评旨在考查被考评者运用 BIM 技术，进行建设项目全生命周期管理，以及 BIM 技术在多专业、多单位综合协同管理中的应用水平与成效。考查内容包括组织编制和控制 BIM 技术应用实施规划、综合组织 BIM 技术多专业协同工作、BIM 模型及数据的质量控制以及多种 BIM 软件集成应用等能力，并检查被考评者对 BIM 技术前沿和未来应用及潜在价值的认识能力。

（2）行业及社会团队 BIM 证书

行业及其他社会团队 BIM 证书的考核与评价见表11.2-2。

行业及社会团体 BIM 证书

表 11. 2-2

序号	证书名称	等级及专业	发证机构
1	全国 BIM 技能等级考试证书	1. 一级 BIM 建模师； 2. 二级 BIM 高级建模师(分专业)； 3. 三级 BIM 设计应用建模师	中国图学学会
2	住房和城乡建设领域BIM 应用专业技能培训考试合格证书	1. 一级 BIM 建模师； 2. 二级专业 BIM 应用(建筑设计、结构工程、设备工程、工程管理)； 3. 三级综合 BIM 应用	中国建设教育协会
3	Autodesk Revit认证证书	1. Revit 初级工程师； 2. Revit 高级工程师； 3. Revit 认证教员	Autodesk授权培训中心（ATC）
4	其他社会组织的 BIM 证书	—	

注：目前建筑市场 BIM 证书考试良莠不齐，教师及学生应注意 BIM 证书的适用性和选择性。

2. BIM 相关竞赛（部分）

包括全国高校 BIM 毕业设计创新大赛、"品茗杯"全国高校 BIM 应用毕业设计大赛、"鲁班杯"全国高校 BIM 毕业设计作品大赛、全国高等院校学生"斯维尔杯"BIM-CIM 创新大赛等。

参考文献

[1] 罗康贤，郑继辉．计算机建筑制图［M］．广州：华南理工大学出版社，2014．

[2] 曾学真，孙敏，刘怡．计算机辅助设计［M］．北京：中国建筑工业出版社，2015．

[3] 俞兰．建筑制图与识图［M］．南京：东南大学出版社，2020．

[4] 孙琪．中望CAD实用教程［M］．北京：机械工业出版社，2017．

[5] 吴舒琛．建筑识图与构造［M］．北京：高等教育出版社，2016．

[6] 董祥国．AutoCAD2020应用教程［M］．南京：东南大学出版社，2020．

[7] 董祥国．建筑CAD技能实训［M］．北京：中国建筑工业出版社，2020．

[8] 李丽，陈超．建筑CAD［M］．北京：机械工业出版社，2019．

[9] 丁文华，岳晓瑞．建筑CAD［M］．北京：高等教育出版社，2014．

[10] 聂洪达．房屋建筑学［M］．北京：北京大学出版社，2016．

[11] 清华大学建筑系．建筑制图与识图［M］．北京：中国建筑工业出版社，2017．

[12] 马贻．建筑CAD工程绘图实训指导书［M］．南京：东南大学出版社，2013．

[13] 张雷．建筑装饰技能实训［M］．北京：中国建筑工业出版社，2020．

[14] 中国建筑标准设计研究院有限公司．房屋建筑制图统一标准：GB/T 50001—2017［S］．北京：中国建筑工业出版社，2018．

[15] 中国建筑标准设计研究院有限公司．民用建筑设计统一标准：GB 50352—2019［S］．北京：中国建筑工业出版社，2019．

[16] 中国建筑标准设计研究院．建筑制图标准：GB/T 50104—2010［S］．北京：中国建筑工业出版社，2011．

[17] 东南大学建筑学院，江苏广宇建设集团有限公司．房屋建筑室内装饰装修制图标准：JGJ/T 244—2011［S］．北京：中国建筑工业出版社，2012．

[18] 王向东．建筑CAD绘图［M］．北京：高等教育出版社，2018．

[19] 丁士昭．工程项目管理［M］．北京：中国建筑工业出版社，2006．

[20] 张雷，董文祥，哈小平．BIM技术原理及应用［M］．济南：山东科学技术出版社，2019．

[21] 王广斌，谭丹．建筑信息模型（BIM）综合应用［M］．北京：高等教育出版社，2020．